浙江省级重点研发计划——乡村生态景观营造技术研发——浙江省乡村生态景观营造技术研发与推广示范（2019C02023）

浙江省基础公益研究计划——浙西山区田园综合体的规划策略、营建途径及应用（LGN18E080001）

乡村景观实践

Fine Lines:
Rural Landscape
Practice

之 精品线路

徐 斌◎著

中国建筑工业出版社

图书在版编目（CIP）数据

乡村景观实践之精品线路／徐斌著. —北京：中国
建筑工业出版社，2019.12
ISBN 978-7-112-24334-1

Ⅰ. ① 乡… Ⅱ. ① 徐… Ⅲ. ① 乡村－景观设计－研
究－中国 Ⅳ. ① TU986.2

中国版本图书馆CIP数据核字（2019）第216642号

责任编辑：张　建
书籍设计：锋尚设计
责任校对：王　烨

乡村景观实践之精品线路

徐斌　著

*

中国建筑工业出版社出版、发行（北京海淀三里河路9号）

各地新华书店、建筑书店经销

北京锋尚制版有限公司制版

北京缤索印刷有限公司印刷

*

开本：889×1194毫米　1/20　印张：8　字数：132千字

2019年11月第一版　　2019年11月第一次印刷

定价：85.00元

ISBN 978-7-112-24334-1

（34834）

自2012年中国共产党第十八次全国代表大会提出"美丽中国"概念之后，美丽乡村占据了"美丽中国"建设的半壁江山。我国农村区域面积广阔、资源丰富，但同时又是发展最薄弱的环节，而且地域差别大、区域发展不平衡现象严重；因此建设美丽中国的难点在乡村、重点在乡村、亮点也在乡村。浙江是美丽中国的先行区，是美丽乡村建设的排头兵。2005年8月，习近平总书记在浙江安吉考察时提出"绿水青山就是金山银山"的重要论断，提倡走人与自然和谐发展之路。因此，浙江率先拉开了"建设美丽乡村"的序幕。随着一系列美丽乡村政策的实施，精品村、特色村、特色小镇等"点"和"面"的建设取得了长足进步；但在其发展过程中也暴露出一些短板。村庄量大面广，同时又有公共财政投入的限制，导致美丽乡村建设精品不精、特色不特，形成"星星多、月亮少"的尴尬局面。另外，"点"与"点"之间相对孤立，缺乏联系，使得各地的美丽乡村成为孤零零的"盆景"，尚未形成规模化的风景或者全域化的景区，亦无助于区域性产业发展和地域品牌的打造。因此，以美丽乡村建设为基础，以"特色精品"为目标的美丽乡村建设新产品——"精品线路"应运而生。以点带面、串点成线，为建设景区化的美丽乡村、区域联动的美丽乡村提供新的思路。

　　笔者生于乡村、长于乡村，有将近二十年的风景园林规划设计教学科研和项目实践经验；累计主持完成乡村类规划设计两百余项。走在乡村的小路上，常常思考中国乡村的根是什么？乡村建设的未来在哪里？新时期乡村建设该如何做？在具体的规划设计中，如何处理城市与乡村的关系、现代与传统的矛盾，如何平衡和协调各种价值取向、审美分歧？一方面旧日的乡村不再适应现代人的生活居住习惯，另一方面生硬趋同的城市化景观亦与乡村特质格格不入。我们应该如何建设既符合现代审美需求又保留乡土情怀的乡村景观，打造"回得去的乡村"，是我们一直探索、实践并反复思考的重点。

　　鉴于浙江省美丽乡村建设在全国的领先地位，近几年才提上日程的美丽乡村精品线路规划设计在国内鲜有先例；其建设亦缺少优秀的借鉴案例。项目组在大量实践的基础上，及时梳理出实践性和参考性较强的成果，这也正是拙作得以出版面世的契机。本书介绍了近年来中国美丽乡村建设的发展历程，提出了一些关于美丽乡村的思考；梳理了浙江省美丽乡村精品线路建设的缘起和发展概况；阐述了精品线路的概念，剖析其特征，并对美丽乡村精品线路的实践技法进行归纳总结，形成具有参考价值的设计逻辑、策略、方法以及建设流程、设计程序等。此外，还对一些社会反响较好的实践项目进行分析呈现，有利于读者朋友们更好地理解美丽乡村精品线路规划建设的要领。笔者希望通过本书的出版，将一些经验和成果展示出来，期望这些"浙江经验"能为全国的美丽乡村精品线路规划建设提供参考和借鉴，为"美丽中国"建设和"美丽乡村"建设添砖加瓦。

本书在编写过程中，得到了浙江农林大学风景园林与建筑学院的领导、同事、学生们，以及浙江农林大学园林设计院的设计师们的大力帮助。斯震、张亚平、唐慧超、洪泉、徐文辉、陶一舟、吴晓华、尤依妮、董海燕等老师提供了非常宝贵的建议；设计师郑吉、黄超凡、刘强、吕方剑、陈臻浩、鲁翠玉等提供了部分素材；研究生李琳、张崔崔、王静、夏晶晶、陈维彬、丁亚萍、华莹珺、李琦琳、王明鸣、林麒琦、鄢祖义、王舒、殷碧雯、沈佳欢、童湄清、蔡梁、胡海琪、陈思凡、钱家豪、周玥含、师青霞、郑玮佳、何初航等协助整理书稿。在此一并表示由衷的感谢。

浙江农林大学风景园林与建筑学院 副教授

2019 年 9 月 19 日

目录

第3章
美丽乡村精品线路规划设计方法探讨

第4章
美丽乡村精品线路实践

第 / 章

乡村，再出发

Villages, Start Again

从古至今，乡村建设是一个不断发展的过程。古代的乡村景观稳定而均质，乡村建设长期停留在相对落后和原始的境地。但中华人民共和国成立后，快速的社会和经济发展，将数千年来乡村的稳定状态完全打破。城市化及工业化的推进，给乡村地区的景观面貌带来了巨大冲击。今日的乡村是数千年来不断演化的结果，是自然过程及社会需求不断改变、相互作用的结果（图1-1-1）。

因为长期战争，中华人民共和国成立初期的农村经济破败、秩序混乱，仅通过"除四害"着力于卫生环境的改善。计划经济时期，乡村的政策趋向于为实现城市化和工业化提供资本输出。农村作为粮食与其他原料的供给地，成为支撑城市发展的坚实后盾。国家对农村人居环境建设与农村经济发展之间的关系较为重视。在修建大规模农田水利设施的过程中，注重保持水土修复，农村人居环境得到了很大的改善。但是，为了赶英超美，我国掀起了大炼钢铁运动，大力发展工业，不仅造成资源浪费而且环境也遭受了严重的污染；尽管后来采取"调整、巩固、充实、提高"政策，但效果不彰。

图1-1-1 乡村人居环境

自1978年改革开放开始，农村人居环境建设才真正缓慢发展起来，这一时期我国经济发展模式转变为家庭联产承包责任制，并鼓励农村居民发展个体经济，大量乡村企业如雨后春笋般出现。但由于缺乏统一规划和管理，农村环境遭受严重污染且得不到及时的修复。大量农业耕地被占用，造成了农村人居环境建设的滞后与缓慢。随着乡村建设如火如荼地开展，愈发暴露出问题与短板。最为显著的是在快速城镇化进程中，乡村生态问题凸显；大量乡建以城市建设的模式推进，对农村资源盲目索取，未曾思考乡村的特殊性，从而引发农业粗放经营、田块破碎化、农药和化肥超标使用带来的面源污染，以及农村大量人口外流等问题，吴良镛先生概括其为"建设性破坏"。

图1-1-2 乡村生态景观（上图）
图1-1-3 乡村生活场景（下图）

2003年，可以说是中国人居环境建设具有里程碑意义的一年。因为城乡差距日益显著，落后的农村经济成为制约国家经济稳定与快速发展的桎梏。国家为此制定了一系列农村改革的相关政策，中国进入了"以城带乡""以工促农"的农村经济发展新时代。由于国家重心的转移，农村人居环境建设也迎来了史上的新高潮。2005年10月，第十六届五中全会提及建设社会主义新农村的重大历史任务时，提出"生产发展、生活宽裕、乡风文明、村容整洁、管理民主"等具体要求。"美丽乡村"成为第十六届五中全会的重要建设目标，无论是东部、中部，还是西部都涌现出了一批富有自身特色的新农村建设的典型县和典型村。其中，浙江省的湖州安吉、衢州江山（现为县级市）、宁波北仑（现为北仑区）、杭州桐庐、丽水遂昌等县，创造性地展开了"美丽乡村""中国幸福乡村""和美家园"等富有地域特色的新农村建设实践。从点到面，由表及里不断提升新农村面貌（图1-1-2、图1-1-3），

发挥了示范作用和品牌效应；这些实践探索即是后来"中国美丽乡村"的雏形。2008年，浙江省安吉县正式提出"中国美丽乡村"计划，出台《建设"中国美丽乡村"行动纲要》，提出用十年左右的时间，把安吉县打造成为中国最美丽乡村。"十二五"期间，受安吉县"中国美丽乡村"建设的成功影响，浙江省制定了《浙江省美丽乡村建设行动计划》，走在了全国"美丽乡村"建设的前列。《中共中央国务院关于加快发展现代农业进一步增强农村发展活力的若干意见》（中发〔2013〕1号）提出：加强农村生态建设、环境保护和综合整治，努力建设美丽乡村。2017年，党的十九大报告中首次明确提出"乡村振兴"，并将其列入党章，作为新时代做好三农工作新的旗帜和总抓手。2018年2月，《中共中央国务院关于实施乡村振兴战略的意见》公布了一系列政策，部署了我国的乡村振兴战略。其二十字方针的提出更显著地阐述了乡建不是将乡村变为城市，而是彰显乡村环境的独特性以及由此产生的独特的生活方式、社会关系和价值体系（图1-1-4）。目前，国内已高度关注对乡村景观的合理保护及利用，强调保护乡土文化，营造舒适的景观意象；同时，强化乡村旅游市场的开发（图1-1-5）。

图1-1-4 美丽乡村公园
（左图）
图1-1-5 美丽乡村节点
（右图）

纵观中国乡村人居环境的建设历程，"绿水青山就是金山银山"（即"两山"理论）是影响近阶段中国乡村人居环境建设最重要的理论和价值观指引。2005年8月15日，习近平总书记在浙江省安吉县余村考察时，首次提出"绿水青山就是金山银山"。2006年，总书记以笔名"哲欣"在《浙江日报》上发表文章，生动地阐述了"两座山"之间辩证统一的关系。"第一个阶段是用绿水青山去换金山银山，不考虑或者很少考虑环境的承载能力，一味索取资源。第二个阶段是既要金山银山，也要保住绿水青山；这时候经济发展和资源匮乏、环境恶化之间的矛盾开始凸显出来，人们开始意识到环境是我们生存发展的根本，要留得青山在，才能有柴烧。第三个阶段是认识到绿水青山可以源源不断地带来金山银山，绿水青山本身就是金山银山，我们种的常青树就是摇钱树，生态优势变成经济优势，形成了一种浑然一体、和谐统一的关系。这一阶段是一种更高的境界，体现了发展循环经济、建设资源节约型和环境友好型社会的理念。以上这三个阶段，是经济增长方式转变的过程，是发展观念不断进步的过程，也是人和自然关系不断调整、趋向和谐的过程"。2012年，习近平总书记在党的十八大报告中提出"绿水青山就是金山银山""留住乡愁"等，强调乡村的生态意义及文化意义，促使人们了解乡村特有的价值体系。"两山"理论深刻体现了习近平总书记的"生态治国"理念和对乡村振兴的重视程度（图1-1-6、图1-1-7）。

图1-1-6 座座青山在乡村
（上图）

图1-1-7 汪汪绿水在乡村
（下图）

在"两山"理论之前，2003年，习近平总书记在担任浙江省委书记之时，作出了浙江省全省大力实施"千村示范、万村整治"工程的前瞻性重大决策，按照"干在实处、走在前列"的要求，开展以村庄环境整治为重点的社会主义新农村建设的实践探索。浙江持续实施"千村示范，万村整治"工程（简称"千万工程"）这一改善农村人居环境的大行动，与时俱进地推进美丽乡村建设、打造美丽乡村升级版，坚决打出农村生活污水治理、农村生活垃圾处理、平原绿化、河长制等农村环境建设组合拳；农业面源污染状况明显改善，农村脏乱差现象得到根本性改变，"美丽乡村"成为浙江的一张金名片，人民群众得到了巨大实惠。作为美丽乡村建设的发源地，15年间，"千万工程"造就了万千"美丽乡村"（图1-1-8）。美丽乡村比比皆是，成为全国乡村建设的美丽范本，浙江率先走向乡村振兴。

图1-1-8 闲适的乡村风光

"原来村道上泥泞不堪，鸡鸭比人多，而现在每到节假日，村里游客就络绎不绝"。浙江省丽水市景宁畲族自治县东坑镇白鹤村是下山脱贫的移民安置村，通过"千万工程"，整个村容村貌有了翻天覆地的变化（图1-1-9）。"总书记的指示，让我们更坚定了自己走的路"。东坑镇党委书记吴海东说："路好了，村美了，人来了，如今家家户户找到了致富路"。被认为是发达地区的杭州市西湖区，乡村建设也曾存在"灯下黑"。通过"山水林田湖路村"全面整治，村镇环境改善，产业形态升级，百姓口袋也鼓了起来。西湖区委书记章根明表示，将认真贯彻落实好习近平总书记的重要指示精神，按景区标准深入推进美丽乡村建设，真正把美丽写在西湖大地上。一场新雨后的安吉，竹林摇曳、绿水清波，一派魅力江南好风光。"绿水青山就是金山银山"——在安吉县的余村村口，一块巨大的石碑上刻着这10个大字。作为"两山"理论的发源地，安吉坚持把绿色作为经济、社会发展的底色，走出了一条保护生态与发展生产同频共振，环境与财富同步提升的农村人居环境改善之路。

图1-1-9 新农村面貌

中国本身是一个人口大国，在相当长一段时间内所采取的粗放型经济增长方式引发了系列连锁反应，近些年来愈发暴露出问题和短板。将乡村发展置于当前中国城市化进程的背景中予以审视，对当前中国乡村建设和发展具有极强的现实意义与针对性。当前新时代人民群众的生活已经从"对物质文化的需要"发展为"对美好生活的需要"，从曾经"落后的社会生产"发展到"不平衡不充分的发展"。在满足了基本的物质生活需求之后，如何满足人们日益增长的美好生活需求？我们需要细细剖析"美"为何物。

"采菊东篱下，悠然见南山"，这是人们所向往的一种回归自然的田园生活。

图1-2-1 "乡"味十足的小巷

随着城镇化的不断蔓延，生活在都市中的人们被拥挤的环境、嘈杂的声音所困扰，急需一个舒适的环境去放松心境。于是，人们将目光投向了乡村良好的自然生态条件，意图寻找自由自在、无拘无束、与山水比邻的田园生活。如今乡村作为回归自然的代名词已越来越受到重视，城市的快速发展让乡村生活的慢节奏和清新的田园风光更具吸引力。根据国家旅游局统计数据，2014年乡村旅游人数已占全国游客总量的1/3；至2018年，已达到30亿人，占国内旅游人数的48.39%。乡村旅游的发展潜力巨大（图1-2-1）。

1.2.1 乡村景观的魅力

乡村景观是人与自然共同作用的产物，展现了一个地区独特的自然及文化条件。从所在地域来看，乡村景观泛指城市以外的景观空间，具有聚居及其相关行为性；从景观构成来看，乡村景观是由聚落景观、经济景观、文化景观和自然景观构成的景观综合体，包含了生产、生活和生态三个方面。

乡村景观的魅力主要来自于乡村环境系统和乡土资源系统两个方面，而乡村性是其发展的特色核心。与城市景观往往被赋予现代化、科技性等不同，乡村景观更具纯朴色彩与怀旧氛围，可以满足人们对"美"的追求（图1-2-2）。乡村环境系统主要包括自然风貌、农业景观等，是一种以大地环境为基础、集生产和生活于一体的复合景观载体，具有生态、观赏、经济等功能（图1-2-3）。乡土资源系统主要涵盖乡村遗产，它是本土地域特色营造出的乡土意象。二者作为推动乡村发展的拉力，对外来游客极具吸引力。

乡村环境是乡村游客感知乡村景观的第一来源，相较于城市景观，其真实性、自然性更易产生共鸣。人们在这里呼吸新鲜空气，欣赏自然美景，感受最本真的生活方式。同时，乡村大量的农业景观融合生产劳动，反映了农耕文明的生

图1-2-2 墙上的乡土记忆

图1-2-3 公共空间

图1-2-4 乡韵（一）

活图景，是一种有文化、有生命、独具魅力的景观，具有多重社会意义和属性。它既有村民居住单元的社会价值，又具有农业生产的经济价值。自然生态系统保障区域生态平衡，其内在的历史文化又赋予乡村精神层面的意义。而从旅游层面来看，游客可在乡村农田开展各项农村体验活动，例如在稻田开展丰收体验节，在玫瑰园举办婚庆活动等。

大自然带来的与城市截然不同的感官体验，是对外来游客的首要吸引力。充满地域特色的乡土资源，决定乡村景观吸引力的强度和持久性。乡土资源既包含乡村景观本身的风景美学价值，也包含资源保护价值，以及教育科研等诸多价值。乡村环境系统的外部形态美与乡土资源系统的文化内在美相互融合，即为美丽乡村（图1-2-4~图1-2-6）。

图1-2-5 乡韵（二）

图1-2-6 乡韵（三）

1.2.2 乡村遗产与乡愁价值

　　人类改造而成的乡村景观，是典型的文化景观，在世界遗产中属于文化遗产，是"人类与自然的共同作品"。在乡村景观持续发展演变的过程中，会形成独特的乡土语言，这是乡村社会发展的产物之一，可称之为乡村遗产。乡村景观与乡村遗产皆形成于传统农耕时代，充分依托自然环境，并具有一定的历史文化积淀。乡村景观是乡村社会发展的助推器，乡村遗产则是乡村社会发展的灵魂。乡村遗产与乡村生活紧密联系，凝聚了乡村文化记忆，反映地域特色，有助于塑造乡村地方性，增强不同地域景观的可识别性，被归为"有机进化景观"中的"持续性景观"。持续性景观是指在当地与传统生活方式相联系的社会中，保持一种积极的社会作用，而且其自身演变过程仍在持续进行，同时又是其演变发展的物证。乡村遗产是一种活的文化传统，具有活态属性。

　　乡村遗产可分为乡村自然遗产和乡村文化遗产（图1-2-7、图1-2-8）。乡村

图1-2-7 乡村河流

图1-2-8 乡村亭桥

自然遗产由气候、地形地貌、土壤、水文、动植物等要素组成，具有明显的地域性特征，其所在区域的原始风貌森林、溪流、山川、河谷等自然资源是乡村发展既存的最大优势，能够体现乡村的地域性与独特性。乡村自然遗产是乡村文化遗产的基底，为乡村文化遗产的建立和保存提供了各种条件。乡村文化遗产是人类、自然以及农业社会长期共同作用的产物，包括物质文化遗产及非物质文化遗产。物质文化遗产是指肉眼可见的、有形的物质形态，包括聚落、建筑、集市、广场及街道等；非物质文化遗产则主要包括生活方式、民俗文化、节日习俗、宗教信仰等。无论哪种物质形态，它们都是特定历史时期的社会所孵化，承载着独特的乡土风情与地域文化；且二者并非独立的个体，而是在漫长的历史进程中兼收并蓄，融合成系统。非物质文化遗产依托于物质文化遗产而留存，物质文化遗产则被其赋予生命，二者叠加的产物具有高度的复合性和关联性，具有连城之价。

从价值层面来讲，乡村遗产是乡村实践的产物，已内化于当地居民的生活中，在早期具有实用价值。如建筑具有居住、商用等功能；临安河桥古镇建筑以清末、民初的徽派民居为主，因地处三溪交汇处，水运发达，其集市曾盛名一时；旧时的瓦舍勾栏、老字商号，远近的白墙灰瓦、马头高墙，这些保留至今的排门院墙，令人不禁追忆起古镇当年的气派与辉煌。在古代，"放排"曾是水运盛行的河桥镇的主要运输方式之一，利用河流水势运送木材，是古老的运输方式；如今虽已被现代化的交通运输方式所取代，但仍深深根植于当地居民的生活记忆中。而民俗文化、宗教信仰等是从人们的祭祀、祈福、感恩等需求演化而来，经过漫长的岁月，积淀固化为习俗，当属于"可移动文物"。

随着乡村的发展，乡村遗产逐渐被演替甚至淘汰，从价值功能转换为传达民俗的事物和现象，成为一种符号记忆，这是它的第二生命。不同的地理环境造就不同的生活方式，并创造出与之相应的乡土符号，如宜兴紫砂、景德镇陶瓷等；它们反映了一定地域内的民俗风貌，是一个地域思想文化的整体表征；同时，也是构建相互认同的价值观念和行为习俗的基础。留存乡村符号记忆，即保留乡土文化的根源。对于本地村民而言，乡村符号既可以作为唤醒人们怀古情愫的敲门砖，又可以在乡村土地与符号记忆的交互过程中，促使历史生产生活关系的复活。对于游客而言，不仅是一次耳目一新的视觉体验，更可与其发生互动，置身于场地营造的地方感，产生新鲜的体验。天目溪精品线路雄关漫道节点便是一例，在原战场复原古老城墙，把雄关轶事作为一种文化记忆展示给游客，人们可以驻足于此，攀登眺望，切身感受古战场的激奋昂扬。

现阶段的乡村遗产，则体现出第三大价值，即景观功能。乡村景观最直观地记载着乡村社会与自然的变迁，表现了人们的思想、观念与精神寄托，即所谓的"乡愁"。自此乡村遗产的发展经历了"实用价值—记忆价值—景观价值"的转变。随着乡村社会的发展演变，调整自身角色，二者相与有成，成为乡村不可或缺的一部分（图1-2-9～图1-2-11）。

"一砖一瓦皆是史，一草一木总关情"。乡村是中国几千年农耕文化的发源地、传播地。农耕文化作为我国从未间断的一种文化，它深深根植于每一个村落的祠堂、每一首童谣歌赋、每一片乡间沃野，私塾、牌坊、祠堂、庙宇、水井、石碑……这些乡村民间遗产与景观留存在一代代人的脑海里，成为中华民族代代相传的文化寄托。乡愁是一个乡村赖以生息、繁衍、发展的重要根基和血脉，也是乡村与乡村之间相互区别、相互联系的重要标志和特征。乡愁代表着一个村落独一无二的文化特质，一千个人心中就有一千个关于乡

图1-2-9 乡村景观建筑

图1-2-10 乡村特色传承

图1-2-11 乡村特色空间

村的记忆，这些记忆承载着乡村的人文情怀。

美丽乡村的乡愁是一笔巨大的精神和物质财富。一个只存在于人们脑海中，却没有生态文明和物质建设作为基础的乡村，谈不上是一个美丽乡村；同样地，一个经济富裕，产业发达，却没有历史记忆的乡村，也不可能成为具有丰富内涵和个性的美丽乡村。

习近平总书记在2013年12月12日至13日召开的中央城镇化工作会议上提出："城镇建设要体现尊重自然、顺应自然、天人合一的理念，依托现有山水脉络等独特风光，让城市融入大自然，让居民望得见山、看得见水、记得住乡愁""乡愁"是铭记历史的精神坐标，工业化、城镇化不能割断乡愁。保护好这份珍贵的记忆，靠的是先进的理念、合理的规划、科学的管理（图1-2-12、图1-2-13）。对于设计师而言，乡村遗产是浑然天成的自然风貌、高质量的素材来源；乡愁则是设计中的灵感缪斯。乡村景观作为承载乡村遗产的主要介质，成为他者观赏和体验的对象；乡愁则作为一种人们普遍具有的情感共鸣，成为乡村的原生吸引力。

图1-2-12 瓜果长廊　　　　　　　　　　　　　　　　图1-2-13 乡村产业园

自我国提出"乡村振兴"国家战略以来，全国乡村建设取得了不小的阶段性成果；然而在取得成果的同时，也面临着各种条件的约束。就浙江而言，其发展受到地域资源环境的束缚，目前农村的产业水平并不高，农村社会事业的发展也相对滞后，区域社会经济发展不平衡。本节通过对浙江美丽乡村建设的研究，提出了关于浙江美丽乡村建设的几点思考，为我国美丽乡村建设探索新形势，寻求新的发展内容和方向提供理论与经验借鉴。

1.3.1　浙江乡村建设的变化

乡村最显著的改变体现在人居环境改善、旅游方式转换、产业结构调整三个方面。

1. 人居环境改变

乡村具有优美的自然环境和独特的风土人情，但由于受村民素质和管理体制的限制，乡村环境一直存在较大的问题。针对这一状况，浙江省提出"美丽乡村"行动。该行动分为三个阶段：2003~2007年"示范引领"，1万多个建制村率先推进农村道路硬化问题；浙江于2003年启动的"千万工程"行动，从垃圾收集、卫生改厕、河沟清淤、村庄绿化等方面拉开了农村人居环境建设的序幕。2008~2012年"整体推进"，主抓生活污水、畜禽粪便、化肥农药等面源污染整治和农房改造建设。2013年以来"深化提升"，启动农村生活污水治理攻坚、农村生活垃圾分类处理试点、历史文化村落保护利用工作。该行动依托"三改一拆""五水共治"等抓手，将原本脏、乱、差的乡村人居环境打造成一个"水清、路平、灯明、村美"的形象，村庄面貌焕然一新（图1-3-1~图1-3-3）。

图1-3-1 改造后的乡村面貌

图1-3-2 改造后的乡村公共空间

图1-3-3 焕发生机的滨水节点

2. 旅游方式改变

传统乡村旅游普遍存在小、散、弱及旅游产品同质化、服务档次不高、设施不配套等问题，且整体以点、线为主，未能形成覆盖整个乡村系统的旅游体系。2017年，在全域旅游化的背景下，浙江省第十四次党代会提出按照把省域建成大景区理念，谋划实施"大花园"建设行动纲要，大力发展全域旅游，推进万村景区化建设，"村落景区"应运而生。不同于单纯提供农家乐服务、欣赏自然村落景观的传统旅游模式，"村落景区"通过增加乡土体验类活动、恢复乡村文化风貌等形式，将乡村农耕文化、民俗文化与旅游相结合，增强游客的归属感。同时，联动当地相关产业，升级经营模式，引进外资，树立品牌，提升乡村旅游产品的整体形象；从而达到激活乡村旅游产业、实现乡村振兴的目的。现在的乡村旅游是将生态旅游与农业旅游相结合，让乡村游客可以沉浸在回归大自然和先祖生活的双重体验之中。

3. 产业结构改变

2016年中央一号文件指出传统农业存在供给侧结构问题，即供过于求与供不应求并存。一方面是由农村基础设施薄弱、生产技术落后、产品质量欠佳等自身原因造成；另一方面是因为农业与旅游业联系较弱，两者无法产生相互作用。2017年中央一号文件首次提出"田园综合体"概念，它将传统乡村农业、旅游业等产业相互独立发展的模式改为以农业为基础，融合旅游业、加工业、服务业等其他产业的乡村综合发展模式，实现以农民合作社为主要载体，集循环农业、创意农业、农事体验于一体的现代化农业经营，以达到产业升级与融合的目的。乡村区域的意义和价值应是多元的，可以满足居住、旅游、教育、自然资源等多样化的社会需求。

1.3.2 继承与发展背景下面临的困惑

1. 城市化背景下的乡村转型困惑

随着城市化和工业化的发展，现代村民在生产方式、生活方式、价值观念等方面都发生了显著变化。我国乡村正处于由传统到现代的转型时期，乡村建设已初见成效，村庄环境得到改善，村民经济水平显著提高。但是在城市快速建设模式和盲目追求经济增长的导向下，新建区域的"泛模式化"现象严重，片面追求形式城市化，大片整齐划一无乡村特色的住宅区拔地而起。其盲目、教条和机械地套用模式导致乡村风味的弱化，违背事物发展的客观规律。景观趋同现象已经从城市逐步蔓延至乡村，大范围的国土生态和乡土文化遗产面临严重威胁。中国几千年来适应自然环境形成的乡土景观和文化认同面临丧失的危险，乡村转型陷入身份认同的困境。

2. 乡村旅游热带来乡村特色的缺失

乡村旅游发展有着深刻的政治背景。在长期的城乡二元结构下，乡村经济社会低迷，严重的"三农"问题已成为我国可持续发展的短板。乡村旅游作为活化乡村经济的重要途径，得到诸多层面的政策支持。2015年中央一号文件提出发展乡村生态休闲和旅游观光；2016年中央一号文件又提出建设"一村一品、一村一景、一村一韵"的美丽乡村，旨在推进农村一、二、三产业融合发展，开发农民增收新模式。这些国家政策支持是乡村旅游发展兴盛的基础。

另外，乡村旅游有着深厚的群众基础。随着城市化进程和现代都市弊病的暴露，我国迎来全民旅游时代。巨大的生活压力使人们对慢节奏的乡村生活充满向往，恶劣的环境让清新的田园风光更具魅力。每逢节假日著名景点总是游人如织，这些原因促使乡村旅游的市场不断扩大。

但是，乡村旅游的快速发展也对传统村落的环境、结构甚至文化根基造成了前所未有的冲击。在经济利益的驱使下，许多乡村旅游开发项目以破坏自然环境和古村落格局为代价；乡村建设存在同质化、无序化、城市化、商业化的问题，大大削弱甚至丧失了地域特色，其吸引力和竞争力也大打折扣。因此，在保护乡村原真性的基础上适度开发乡村旅游，合理建设独具地域特色的乡村景观，是乡村可持续发展的必经之路。

3. 乡村遗产日渐式微

乡村遗产的活态属性，近年来受到快速城镇化建设的影响，处于衰落状态。

首先是由于大量农村人口进城务工，越来越多的年轻一代将家安在城市，子辈与乡村的接触契机减弱，造成文化断层；其次是现代化文明的冲击，乡村传统民俗活动地位显著下降，许多村民对乡村的历史文化了解不够透彻，传统文化根基不够牢固，使得人们的归属感日渐下降。再次是由于设计层面落地性较差，村民参与度较低，导致真正意义上的乡村守护者们主观能动性不强，无法赋予乡村活力。随着传统村落慢慢消失，乡村遗产也日渐式微，本土文化逐渐消逝，景观同质化现象严重。从人们对乡村遗产的关注和对乡村文化的反思中可以看出，乡村遗产保护不能局限于外在形态，其根本在于乡村精神、乡村记忆的集中阐述；应立足于乡村原住居民对"家园"形象的认同和强化，对乡村文化记忆进行再生产实践（图1-3-4～图1-3-6）。

图1-3-4 乡村一景

图1-3-5 乡村一品

图1-3-6 乡村一韵

1.3.3 新时代乡村建设的需求

1. 景观驱动力

对于乡村特征的传统认知，已不适用于快速城镇化和区域生态环境急剧变化的现状。我们需要从发展的视角来判断乡村价值，重新审视乡村景观的多重属性。现阶段我国乡村景观的研究已不局限于景观风貌的塑造，而是如何深入挖掘景观的生态价值、社会价值，将其作为推动社会发展的重要因素，创造经济、社会最大价值。首先，乡村景观规划设计有利于改善居民人居环境，优化村落空间结构，提高居住水平和生活质量，为乡村注入活力；其次，也有利于合理调整产业结构，构建产业联合发展模式，提高乡村经济水平，促进城乡发展一体化，在美化乡村生活环境的同时提高经济效益。最后，乡村景观规划设计有利于保护传统文化，挖掘地域文化，增强景观的可识别性，同时也能更好地带动旅游业的发展（图1-3-7）。

乡村景观是改变乡村的重大驱动力，它不应仅仅被看作是乡村发展的结果，也应被看作是一种能推动社会发展的资源。在传统景观风貌的传承与乡村的社会经济发展之间建立一种共赢的发展模式，从而实现生态宜居的美丽乡村。如太湖源精品线路的规划提取沿线乡村的环境特征、产业特色和文化特色等元素，将沿线乡村景观资源串联成一条发展轴线，为沿线村庄注入活力，从而带动沿线乡村发展。天目山灵山福地精品线路规划基于优越的自然条件，利用具有地域特色的物产，辅以天目山特有的文化，寻找乡村发展的动力，引导游客进行深度休闲度假体验，形成特色农业结合生态旅游的发展模式。

图1-3-7 满载乡愁文化和地域文化的乡村

2. 可持续发展目标

对于不断演变的乡村来讲，在发展的过程中需要保持自己的核心价值，可持续性是实现乡村发展的必由之路。实现乡村的可持续发展，需立足于生态环境保护和利用，加大对生态环境的治理和保护力度；通过有序的乡村规划设计，保护和修复自然景观，使得村庄风貌与自然风貌相协调，塑造环境优美的乡村风貌。乡村发展要坚持可持续发展的原则，即经济、生产和生态的可持续性，促进乡村地域与人类整体的可持续发展。

经济可持续性：实现乡村的可持续发展，不仅仅是景观与生态的问题，也是社会、经济及产业的问题。维持乡村经济的可持续发展，奠定乡村生活的基本物质保障，提高第一产业的效益并增加第二、第三产业的收入，逐步实现乡村环境与自然资源保护的平稳发展，提高乡村的经济效益。

生产可持续性：利用乡村现有的自然、人文优势，将产业作为乡村发展的内在核心驱动力。通过乡村生产及文化景观的规划设计，发展特色农业、生态农业，优化产业模式，加快现代农业的发展，提高农业生产效益。在整合现有资源的基础上，积极开展乡村旅游，发展生态旅游，打通乡村产业链条，实现一、二、三产业的联动发展，从而实现产业的迭代发展。

生态可持续性：乡村有着得天独厚的自然资源，如何开发利用这些资源，是个值得思考的问题。对环境资源进行优化的同时，提升资源服务能力，提高资源的合理高效利用，保护地域景观，促进人与自然的和谐发展，从而推进乡村的可持续发展。

为了村庄的长远发展，需在重新理解与自然环境之间关系的基础上，提出全新的发展理念和发展模式。在顺应自然的基础上，充分发挥生态智慧，实现人与自然的和谐共处，从而打造产业兴旺发达、人民安居乐业、景区美丽如画的未来美丽乡村（图1-3-8、图1-3-9）。

图1-3-8 新时代的乡村风貌

图1-3-9 乡村的新旧共融之美

第 2 章
精品线路串起美丽乡村

Fine Lines String Beautiful Villages

美丽乡村精品线路建设之所以在浙江省最先开展，源于浙江省较早开展的美丽乡村建设事业。美丽乡村精品线路并不是凭空产生的，是"美丽乡村"规划建设过程中的阶段性创新产物。它的出现是为了解决我国乡村集聚程度不高，布局分散，乡村之间的联系性不够，而导致农村自然资源浪费、活动场地缺乏、产业结构单一等一系列问题；对已经取得一定成果的美丽乡村进行资源整合和统筹规划，有序、整体、系统、科学地巩固美丽乡村建设成果。它的雏形源自浙江省临安市安吉县的早期实践，安吉县于2009年在美丽乡村建设的基础上推出了4条美丽乡村精品旅游线路："中国大竹海"精品观光带、"昌硕故里"精品观光带、"黄浦江源"精品观光带、"白茶飘香"精品观光带，这4条精品线路为全国乡村精品线路的建设提供了参考与借鉴。

关于"美丽乡村精品线路"在浙江杭州已有明确的定义。2013年杭州市委市政府发布的《关于建设美丽乡村精品线路和精品区块的实施意见》中表明：美丽乡村精品线路要以现有中心村、精品村、风情小镇、"三江两岸"整治和历史文化村落等为依托，成为区位优势明显、基础设施完善、生态环境优美、开发前景广阔、百姓创业致富的景观线、产业线、人文线和富裕线。建设内容包括沿线环境、道路、杆线、农房、厂房的整治有序化，沿线公共设施与休息设施的完善化，沿线标识系统的明晰化，村庄与道路节点衔接的连贯化；线路里程不少于10km。由此可见，所谓美丽乡村精品线路就是将农村精品资源有机串联、展示和利用，培育农村新业态，促进城乡统筹发展的交通线路（图2-1-1、图2-1-2）。

图2-1-1　美丽乡村精品线

图2-1-2 乡村美丽公路

2.1.1 浙江省美丽乡村建设历程

浙江省是美丽乡村的首创地，乡村建设实践的前沿阵地。作为东南沿海发达省份，浙江省经济实力雄厚，地形地貌丰富多样，有建设美丽乡村的自然禀赋。因此，浙江省站在"全面建设小康社会"的高度，主动推进"美丽乡村"建设；沿着"生态环境建设—绿色浙江建设—全面美丽乡村建设"这条主线，走出了一条具有中国特色、浙江特点的"美丽乡村"建设之路。总体看来，浙江省美丽乡村建设可分为以下4个阶段。

（1）引领示范阶段（2003~2007年）：在时任浙江省委书记的习近平同志的倡导和主持下，浙江省委于2003年前瞻性地作出了实施"千村示范、万村整治"工程的重大决策，揭开了浙江省美丽乡村建设的序幕。该项政策以农村生产、生活、生态的"三生"环境改善为重点，开启了以改善农村生态环境、提高农民生活质量为核心的村庄整治建设大行动。目标是花5年时间，从农村居民最关心的村庄环境脏、乱、差问题入手，从全省四万个村庄中选择一万个左右的行政村进行全面整治，把其中一千个左右的中心村建成全面小康示范村。

（2）全面推进阶段（2008～2012年）：自2008年起，浙江在"千万工程"树立"示范美"的基础上，按照城乡基本公共服务均等化的要求，把"全面小康示范村建设"的成功经验推广至全省所有乡村。2010年6月，按照党中央提出的生态文明建设精神，省委十二届七次全会提出《关于全面推进生态文明建设的决定》，要求全面推进农村环境"五整治一提高"，大力创建生态文明村，加快建设"美丽乡村"。

2010年12月，浙江正式提出"建设美丽乡村，即建设科学规划布局美、村容整洁环境美、创业增收生活美、乡风文明身心美；宜居、宜业、宜游的'四美三宜'美丽乡村。浙江省委省政府制定实施了《浙江省美丽乡村建设行动计划（2011—2015年）》，标志着美丽乡村建设正式升级为省级战略，浙江省美丽乡村建设全面启动。全省各地纷纷开展颇具地方特色的品牌创建活动，如安吉县的"美丽乡村"、桐庐县的"潇洒桐庐"、临安市的"富丽山村"等。

（3）品牌提升阶段（2012～2016年）：2012年6月，浙江省第十三次党代会上省委、省政府与时俱进，提出了"打造美丽乡村升级版"的新要求。2013年10月，全国改善农村人居环境工作会议在桐庐召开；会议强调要认真总结浙江省开展"千村示范、万村整治"工程的经验并加以推广，浙江美丽乡村建设经验开始走向全国。2013年11月，在全省建设美丽乡村的现场会上又提出了不断拓展美丽乡村建设的内涵与外延，以文化村建设、特色经典和特色产业等为重点进行实践的要求（图2-1-3～图2-1-5）。全省的美丽乡村建设进一步升温并取得了较好的成绩，同时还发布了一系列与乡村建设相关的政策文件（表2-1-1）；对后续乡村规划建设进行明确指导。

图2-1-3 乡村特色房屋

图2-1-4 乡村生态环境　　　　　　　　　　图2-1-5 乡村特色节点

浙江省乡村规划建设相关政策文件一览表　　　　　表2-1-1

时　间	名　称
2010 年	《浙江省美丽乡村建设行动计划》（2011—2015 年）
2012 年	《浙江省历史名城名镇名村保护条例》
2014 年	《美丽乡村建设规范》DB33/T 912—2014
2015 年	《浙江省村庄规划编制导则》
2015 年	《浙江省村庄设计编制导则》

　　（4）乡村振兴阶段（2017年至今）：2017年10月18日，党的十九大提出了实施乡村振兴战略，并提出实施乡村振兴战略的总体要求——产业兴旺、生态宜居、乡风文明、治理有效、生活富裕；同时明确指出，美丽乡村建设是今后一项长期而艰巨的任务。而在浙江全省的美丽乡村和农村精神文明建设现场会中，则明确提出要全面实施乡村振兴，开启新时代美丽乡村建设新征程，深化美丽乡村建设，以期实现"产业兴旺、生态宜居、乡风文明、治理有效、生活富裕"这一最终目标。在这样的建设号召下，按照打造风景线的要求，整体有序推进美丽乡村精品线路的建设，对推动乡村振兴的进程发挥着重要作用。

　　美丽乡村精品线路是在美丽乡村建设的大环境下，在结合环境特点和游憩需

图2-1-6 乡村自然面貌（一）

图2-1-7 乡村自然面貌（二）

求的基础上产生的。2009年，安吉县结合自身的美丽乡村建设经验，综合多个乡村群域内的各类资源，推出了以"竹海观光体验游、昌硕故里文化游、黄浦江源探秘游和白茶故里采摘游"为主题的4条乡村精品线路，成为美丽乡村精品线路建设的雏形。随后，浙江省内多个县市，如临安、嘉兴、义乌、绍兴、慈溪等地纷纷跟上了乡村精品线路建设的步伐。2011年，义乌市制定了《美丽乡村建设行动计划（2011—2015年）》，在这一行动计划中明确了"一核、四区、九线"的总体布局建设目标，并提出要根据下辖各个镇域的特色建设9条乡村精品游线。2012年，嘉兴市秀洲区根据区域乡村建设的需要，出台了《秀洲区美丽乡村建设总体规划》，明确了秀洲区今后的发展目标及精品线路的建设主题。2013年，绍兴市驿亭镇打造了总长度超过10km的驿亭精品线路；该线路突出沿线绿化景观，加强两侧建筑立面整治，并进一步完善了精品线路的功能性。2016年，金华市金东区开启了美丽乡村精品线路建设的序幕；区政府计划投入超过4000万元资金，结合部分地段的绿色骑行道建设，把精品线路建成集休闲养生、阳光运动和文化体验于一身的游憩线路，打造美丽乡村综合体。

随着美丽乡村精品线路的产生及发展，浙江省内村与村之间不再割裂独立；精品线路打通了"绿色通道"，让绿水青山不再遥不可及；同时，也实现了"旅游+农村+农业"的新型旅游经济发展，这对构建美丽乡村建设及助力乡村振兴具有重要作用（图2-1-6、图2-1-7）。

2.1.2 杭州市乡村建设在地性的探索

杭州市积极响应中共中央和浙江省关于美丽乡村建设的政策引导，形成了比较完善的政策体系。自2009年以来，先后出台了《关于开展杭州市"风情小镇"创建工作的实施意见》《关于开展中心村培育的实施意见》《关于加快推进"三江两岸"生态景观保护与建设的实施意见》《关于开展美丽乡村建设的实施意见》《关于建设美丽乡村精品线路和精品区块的实施意见》和《关于开展历史文化村落保护利用的实施意见》等一系列美丽乡村建设的政策意见和资金管理办法。这些文件对杭州地区美丽乡村建设提出了明确的目标、有力的举措、具体的要求，形成了比较完整的美丽乡村建设政策体系。

在此基础上，杭州市更具开创性地提出建设美丽乡村精品线路和精品区块的政策。以市域内"三江两岸""一绕六线"等沿线沿江区域为重点，按照"串点成线、连线成面、整体推进"的工作思路和市委提出的城乡统筹"三年初见效、五年大变样"的工作要求。杭州市在全市农村重点打造领先全省、影响全国的28条交通便捷、主题突出、特色鲜明的美丽乡村精品线路与14个融乡村建设、产业发展、生态保护、历史传承和文化挖掘于一体的精品区块，着力促进风景优美、自然条件优越的村庄向乡村景区化转型。在坚持把中心村、精品村等串点成线、点线结合的基础上，将中心镇、风情小镇和三江两岸等纳入美丽乡村建设的重点领域和关键环节。该思路着力解决资源载体"散"的问题，把各种资源整合起来，以美丽乡村为目标，以各项载体为抓手，以全民动员为关键，由点到面实现全域打造，由面到点实现重点突破。

截至2017年，杭州市已累计建设了193个中心村、249个精品村、29个风情小镇、25个省级历史文化保护重点村、28条美丽乡村精品线路和14个精品区块。精品线路和精品区块的建设已成为建设美丽杭州、东方品质之城、幸福和谐杭州等

图2-1-8 特色村庄（一）　　　　　　　　　　图2-1-9 特色村庄（二）

各项目标的重要载体。同时，杭州市在印发的《2017年杭州市美丽乡村建设工作要点》中，要求从中选择部分条件较好的开展景区化创建，将其进一步提升打造为村落景区，以期加快农村一、二、三产业融合和新型业态培育，更好地挖掘农业的休闲、观光、养生和生态等综合功能，提高农民增收致富能力。在精品线路的引导下，杭州市逐步形成了点线面结合、产业文化融合、经济生态民生协调，独具地方特色的美丽乡村营建模式（图2-1-8、图2-1-9）。

2.1.3　临安区"百里画廊、千里画卷"精品线路

临安位于浙江西北地区，东临杭州城区、西接黄山、南连富阳和淳安、北靠安吉，是距离上海、杭州等大城市最近的山区型市辖区。临安东西宽约100km，南北长约50km，总面积31.27万hm^2；辖5个街道、13个乡镇、298个行政村（图2-1-10）。"临安"作为县名由来已久，据临安旧志记载，临安建置始于东汉建安十六年（公元211年），时称临水县。直至西晋太康元年（公元280年），因境内临安山而更名为临安县。1996年12月28日，临安撤县设市。2017年9月15日，临安撤市设区，成为杭州市的第十区。

临安西北多深沟幽谷，东南为丘陵宽谷，地势自西北向东南倾斜；北、西、南三面环山，绵延

图2-1-10 临安辖区平面图

百里；山多、水少、耕地少，素有"九山半水半分田"之说；因此，临安大部分村庄属于山地型村庄。山地型村庄受地形等自然条件制约，导致村庄布局散乱、耕地分布零碎、公共设施落后。早在改革开放前，由于受水少干旱、耕地面积缺乏等因素的制约，临安乡村出现经济发展滞后的现象。但山地资源既是村庄发展的劣势也是独特的优势。山地型村庄森林资源较好、高差变化多样、空间层次丰富，都给临安乡村产业的多样化发展带来了契机。临安围绕"创业创新、富民富村"的思路，依据独特的地理优势，充分利用茶叶、山核桃、笋干、猕猴桃等物产资源发展经济，成为著名的"竹之乡""山核桃之乡"。同时，临安在发展乡村农业经济的基础上，借助自然资源，开发旅游、休闲度假等第三产业；形成了农业产业与生态旅游相结合的模式，加快了美丽乡村的建设步伐。

图2-1-11 乡村景观小节点（一）

图2-1-12 乡村景观小节点（二）

图2-1-13 乡村景观小节点（三）

自2010年启动"绿色家园、富丽山村"建设以来，临安按照"村点出彩、串点成线、板块打造、面上洁净"的工作思路，设计了"整治村""特色村""精品村"三种类型，已累计投资34.3亿元，建设了6个美丽乡村示范乡镇、120个美丽乡村；其中18个被命名为浙江省美丽乡村特色精品村，逐渐建设成了环境优美、经济富裕、内涵丰富、领先全国的"美丽乡村"品牌（图2-1-11~图2-1-13）。2017年11月，美丽乡村示范县"省考"（浙江省第二批美丽乡村示范县评选）发榜，临安高居第三，交出了一份美丽乡村全面升级的漂亮答卷。这是临安立足资源禀赋，夯实工作基础，为全力打造美丽乡村升级版迈进的全新一步。

在美丽乡村建设取得优异成绩的基础上；2014年10月，临安区十二届区委常委会第67次会议上提出美丽乡村精品线路"一廊十线"（表2-1-2）建设工作。"一廊"指的是以杭徽高速公路为轴形成的廊道，通过环境整治、林相改造、添绿扮美等举措，落实、打造成一条风景秀美的缤纷长廊和迎宾大道；这条长廊既是"百里画廊"，也是"美丽叶片"上的"叶脉"。"十线"指十条市域主要交通干线两侧串村成线打造的乡村旅游精品线路：太湖源山水田园精品线路、科技大道硅谷绿芯精品线路、钱锦大道精品线路、天目溪活力乡村精品线路、浙西民俗风情精品线路、大明山精品线路、杭徽古道精品线路、太阳公社农耕文化精品线路、18省道国石圣果精品线路、天目山灵山福地精品线路（图2-1-14），十条交通干道总长度345km。按照全市域景区化的要求，全临安开展环境整治，深化美丽乡村建设，在三千余平方公里的土地上打造山川秀美、城靓镇美、生活和美的"千里画卷"。

临安"一廊十线"精品线路建设范围

表2-1-2

	名　称	范　围
一廊	百里画廊	杭徽高速公路临安段
十线	科技大道硅谷绿芯精品线路	杭徽高速公路青山湖出口—浙江农林大学
	天目山灵山福地精品线路	杭徽高速公路天目山出口—天目山镇龙凤尖
	太湖源山水田园精品线路	杭徽高速公路玲珑出口—太湖源镇白沙村
	钱锦大道精品线路	杭徽高速公路临安出口—环城北路—长西线全线
	太阳公社农耕文化精品线路	杭徽高速公路太阳出口—太阳镇双庙村—太阳镇浪山村
	大明山精品线路	杭徽高速公路白果出口—大明山
	浙西民俗风情精品线路	杭徽高速公路昌化出口—湍口镇湍口村
	天目溪活力乡村精品线路	潜川镇乐平村—杭徽高速公路於潜出口—太阳镇横路村
	18省道国石圣果精品线路	杭徽高速公路龙岗出口—龙岗镇大峡谷村
	杭徽古道精品线路	杭徽高速公路峡口出口—清凉峰镇浙川村

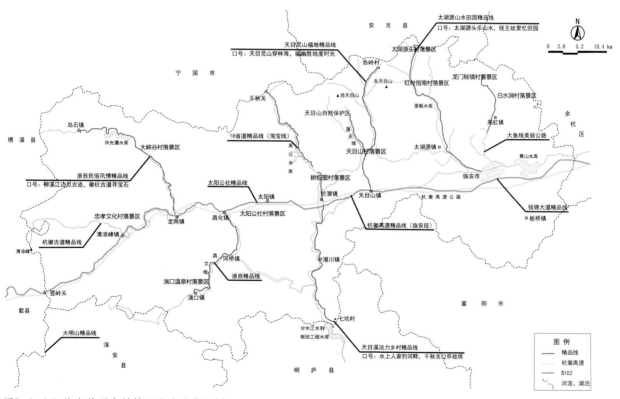

图2-1-14 临安美丽乡村精品线路总体规划

2014年10月，十二届市委常委会第67次会议后，"一廊十线"建设工作全面启动，总长度达到345km，包含18个镇（街道）、131个行政村。其所涉乡镇个数之多、线路之长、范围之广，使得项目实施开展难度巨大。在15位市领导的一线指挥和18个镇街、9个牵头部门、33个责任部门的合力攻坚下，"一廊十线"建设工作逐步取得成效。2015年，临安区从"示范点、精品线路（区）、全域化"的推进思路出发，加大"一廊十线"整治建设力度，根据《关于进一步明确"一廊十线"、旅游重点项目及生态旅游景区整治提升工作任务的通知》文件，落实整治内容，严守时间节点，保质保量完成精品线路整治建设工作。2016年，"一廊十线"进入建设中期，重点强化整体推进的建设阶段，进一步扩大"绿色家园、富丽山村"的品牌影响力，以期达到"以点带面，串点成线，整镇推进"的目标，确立临安新农村建设在杭州、全省乃至全国的领先地位和影响力。此年度重点实施的项目有天目山灵山福地精品线路、天目溪活力乡村精品线路和太湖源精品区块建设，共建成主题景观节点11个，清理垃圾1870t，实施绿化3.5万㎡。2017年，清凉峰镇玫瑰小镇精品线路以及高虹镇大鱼线精品线路被纳入杭州市级精品示范线，分别投入600万元资金推动进一步建设。

图2-1-15 乡村遗产的保护

过去五年，临安区针对乡村建设的投入资金合计为32.1亿元，而美丽乡村精品线路、美丽村庄、美丽田园、美丽公路等"美丽系列"的"组合拳"就占77.8%。"一廊十线"的总投资达到3.7亿元，目前已完成1922个节点。正是通过"一廊十线"的打造，临安在提升公路沿线风貌、保护乡村遗产的基础上，串联各个"精品村"，糅合旅游景区、特色产业、传统文化等景观节点（图2-1-15），结合精品线路的布置，培育发展新的乡村旅游业态与增长点，打造

成临安的"百里画廊、千里画卷"。"精品线路"的设立起到了"以点带面、串点成线、整镇推进"的作用，不断发挥辐射效应，带动沿线产业发展，形成美丽经济交通增长网，从而实现了构建美丽经济交通走廊的目标。

2.2.1 美丽乡村精品线路的功能与作用

美丽乡村精品线作为一种线性景观和重要的景观廊道，对其周边生态环境和城乡人居生活所产生的作用可想而知。通过"串点成线、以点带面"，精品线将周边的区块串联起来，连接成一个完整的、连通性较强的整体。不仅可以发挥纽带作用，加快城乡融合发展，重塑城乡关系；还能作为独特的旅游线路，打造美丽乡村风景线，建设美丽廊道等。

1. 精品线路的产业联动

从精品线路建设的缘起来看，意在上一阶段美丽乡村建设的基础上，巩固其建设成果，尤其是通过交通线路的优化提升以及既有资源的活化，激发美丽乡村可持续发展的内在产业动力。因此，美丽乡村精品线路的建设不仅仅是美化、造景等表面功夫，其最重要的任务是通过产业联动实现产业振兴、农村富裕。在这一目标主导下，美丽乡村精品线路应整合美丽公路、美丽景区、美丽乡村、美丽产业的建设成果，充分挖掘乡村资源，把乡土特色资源作为乡村产业的核心，将最有文化内涵和当地特色的资源进行有机结合；为特色产业提供发展动力，促进联动产业进一步发展。在精品线路规划过程中，不断强化交通发展与旅游产业的融合。沿线通过布置主题民宿、农业创意景观等形式，实现交旅融合；不仅促进农民增收，也能极大地调动农民参与建设精品线路的积极性。依据美丽乡村资源和经济基础，可将精品线路分为"村容风貌游""产业示范游""田园观光游""民俗风情游""休闲度假游"五个类型的风情游线。以示范精品村为支点，沿景区、产业带、山水、人文古迹等，建设独特的、充满变化的、拥有不同趣味的乡村风景线。同时，也可打造跨区域旅游发展的新格局；形成各种不同的旅游带，如自然生态旅游带、人文文化旅游带等；形成旅游一体化，推进区域交通互联互通、景区共建共享、客源互送互通，不断强化区域旅游的集散功能。

例如清凉峰镇的杨溪村，是浙江省历史文化村落保护重点村，杨溪村的忠孝文化已经形成产业特色，真正做到了保护、利用和传承，吸引游客纷至沓来。同时，杨溪村联动周边旅游资源，如大明山、万松岭滑雪场、清凉峰自然保护区、十门峡景区，大大增加了游客数量。休闲观光农业也在不断地转型升级，如太阳镇双庙村的"太阳公社"，将有机农业与休闲农业相结合，使农业生产从单纯的生产性农业向观光休闲农业拓展，实现了从一产到三产的跨越。此外，太阳公社实行"公社+农户"新型家庭承包生产制，创新了土地规模经营机制，解决了劳动力紧缺的问题，实现了一、二、三产业融合发展，展现了独特的魅力。

2. 精品线路的文化重塑

乡土文化是乡村文化的核心，新时代我国农村问题日益突出，农村人情关系淡薄、村庄空心化、文化传承断链等问题亟待解决。只有通过重塑文化，才能从根本上解决这些问题。首先要确定精品线路文化重塑的价值取向，重塑文化就是要加强对地域文化的传承。精品线路可以说集中了一定区域范围内最优质的各种资源，为民俗文化、传统文化的传承和发展提供了很好的契机和发展平台。因此，其规划建设必须做到能代表该区域的整体形象。当然，乡村中的文化重塑不是对传统事物机械地照搬或者复制，而是通过挖掘当地的民风民俗、地方技艺、传统美食、元素符号等各种非物质文化遗产，提取其中具有代表性的文化符号，并进行艺术化的加工。在精品线路的建设中，应该以现代设计语言诠释地域文化，在各种空间中进行物化展示和活态传承，使精品线路沿线的空间恢复场所精神，形成具有较强可识别性的景观廊道和文化展示带，吸引外地和城市游客来此互动体验；同时，激发本地居民的自豪感和文化自信，有效地传承地域文化（图2-2-1～图2-2-4）。

临安历史悠久，春秋时为吴越之境，秦朝后建制设县，是五代十国时期吴越国王钱镠的出生地和归葬地，积淀了丰富的吴越文化与钱王文化。吴越文化泛指春秋时期吴越地区，即吴语地区的文化；既包含吴越两国之前的古越文化，也包含吴越两国之后的各个历史阶段在该区域内存在发展的文化。文化具有地域性、

图2-2-1 特色乡土文化呈现

图2-2-2 村容风貌整改（一）

图2-2-3 村容风貌整改（二）

图2-2-4 村容风貌整改（三）

民族性和时代性，吴越文化虽然也经历了时代变迁，但"柔、细、雅"是广义吴越文化的共同个性特征。钱王修筑捍海石塘，治理太湖，开凿灌溉渠道，疏浚西湖，整理鉴湖，建设苏州城与杭州城，被称为"上有天堂，下有苏杭"的奠基人。如今的临安区内，仍有与钱王及其子孙相关的众多历史遗迹，如钱王陵园、功臣塔、婆留井等；众多钱王典故在当地更是世代传颂。同时，临安乡村具有丰富且极具特色的天目文化，尤其是各种文化传说和历史典故，例如"月亮桥"的传说、"灶坤潭"的由来、"杜特立"的故事等。在规划设计中，将这些文化资源以外在的形态或神韵融入建筑改造与景观小品之中，有利于营造独特的空间文化氛围。

3. 精品线路的生态重构

众所周知，乡村之所以成为乡村，正是因为自然生态系统和它所承载的古老农耕文明在这里交织共存。可以说，生态是乡村存在的基石，是乡村与城市形成差异化的最根本原因，是与城市达成交流合作最重要的砝码。2003年6月，浙江在全省启动"千万工程"，开启了以改善农村生态环境、提高农民生活质量为核心的村庄整治建设大行动。2005年8月，时任浙江省委书记的习近平同志提出"绿水青山就是金山银山"的科学论断。15年来，万千美丽乡村建设取得了显著成效，带动浙江乡村整体人居环境领先全国。2018年10月，十九大报告提出的乡村振兴战略中，"生态宜居"是五大总目标之一。可见，无论是哪个阶段的美丽乡村建设，生态建设一直被放在重中之重的位置。因此，美丽乡村中精品线路的建设必须贯彻"生态"理念（图2-2-5）。

从具体构成来看，精品线路所串联起来的核心空间多为风景优美、有较为良好生态基底的景区或者特色村；从大的范围来讲，精品线路本身所具有的线性空间特征，有效地串联起各种核心空间，串联起美丽乡村，也串联起乡村的生态景

图2-2-5 乡村生态重构

观，有助于建设美丽生态廊道。基于生态考虑的线性空间是有生命的、可持续发展的、充满活力和自然气息的休闲空间。除了美丽公路这一载体外，还可以建设滨水型、山地型、田园型等多样化绿道、骑行道，完善步行、骑行服务驿站和慢行交通系统，使得自然和人文完美融合；达到既有通行功能，又有亲近自然、保护自然的作用。因此，精品线路不仅仅是一条交通要道或者一条精美的文化展示带；在生态建设上，精品线路更要依托并利用沿线的优质生态资源，承担起作为高质量生态廊道的作用。

在临安精品线路的建设过程中，考虑到生态效益，在沿线设计了生态厕所，并且各具特色，充分与每条线路的主题吻合。同时，在选材方面就地取材，多利用乡土材料，避免对环境的二次破坏。但是，针对部分道路的开发对沿线山体的自然形态造成严重破坏的问题，应加大植被恢复力度，重视行道树等绿化工程。绿化植物应多选择乡土植物，在乡土植物中发掘适合当地绿化的植物品种

图2-2-6 乡土植物的运用

（图2-2-6）。精品线的建设使得乡村旅游业发展迅速，但由于农家乐的过度开发，水质开始出现恶化现象；建议加大乡村农家乐集体排污工程建设，加强乡村生态环境保护知识的普及宣传工作。

美丽乡村精品线是突显"点—线—面"相结合的区域美丽乡村景观，是串联风景区、村庄、城镇等重要节点，集生态和人文于一体的乡村景观廊道。作为推动城乡统筹发展最具优势、最强有力的"发展轴线"，其高效整合了美丽乡村建设成果，实现了乡村风貌美观化、乡村生活品质化、乡村产业富民化、乡村旅游景区化、乡村文化繁荣化和乡村环境生态化。

2.2.2　美丽乡村精品线路建设面临的挑战

从宏观层面来看，美丽乡村精品线路的应运而生，来源于美丽乡村规划实践过程与现实问题的相互碰撞，代表着乡村发展达到了一个新的高度。美丽乡村精品线路的本质是将零散的资源点串联成线，将各个美丽乡村的建设成果汇聚起来，整合美丽乡村的景观资源，形成精品观光带，打造一条优质发展的轴线；再以线带面，形成大景区，将乡村建设带入提升发展的阶段，发挥乡村整体的综合效益。

美丽乡村精品线路建设的三大目标：

（1）优化乡村自然生态空间，完成乡村环境的改善升级。生态环境问题是乡村发展需要解决的首要问题，也是人文、经济等其他要素发展的前提与基础。在精品线路规划、建设过程中，一方面要求停止污染破坏行为，对受到破坏的绿地、水体等斑块进行修复处理，并采用生物技术手段实现对受损体的修复；另一方面需要对尚未开发的绿地斑块做合理规划，避免二次生态破坏。

（2）加快乡村产业融合，培育新型业态。扩大乡土产业规模，实现村庄经济发展，提高乡村居民的生活质量是乡村规划的一大要义。因此在规划过程中，应以乡村良好的生态基底和产业基础，赋予精品线路以产业线打造的含义；并综合联动乡村的生态休闲、观光游憩、农产品生产的功能，加快三产融合，促进村民致富（图2-2-7）。

（3）保护乡土文化遗产，体现乡风民俗面貌。文化是民族的魂，也是乡村的根，乡村精品线路应该成为汇集乡村历史文化资源的人文风情走廊，保护本地文化，使乡村获得不断生长发展的能力。

尽管各地美丽乡村精品线路的建设不断兴起，但由于它是新时代的产物，各

图2-2-7 游埠古镇的百年酱坊

项标准还没有得到确立，缺乏系统的理论和明确的规范，导致精品线路建设出现了不少问题；归纳起来，主要有以下几个方面：

1）价值取向上的偏离。目前，美丽乡村精品线建设大多存在重表轻里、重建轻管的现象，建设仅仅局限于道路绿化、房屋修缮、水利基础设施建设等方面。而美丽乡村精品线路建设应以保护村庄自然生态环境为基础、彰显地域文化特色为重点、调整当地产业基础结构为抓手，从生产、生活、生态三大空间整治沿途乡村景观风貌，让人记住乡愁、留住乡愁、回味乡愁（图2-2-8）。

2）忽视乡村的地域性与人文内涵。许多规划缺乏对村庄传统价值体系的理解及认识，盲从市场流行趋势，用统一的景观符号代替地方文化，忽略场地特性，随意加入与乡村环境格格不入的景观元素，导致精品线路缺乏地域特征，传统风貌特征缺失。

图2-2-8 诸葛八卦村风貌

3）线性结构不突出。主要表现在以下三个方面：①整体性不强，某些美丽乡村精品线路存在点与点之间重复建设的现象，缺少互补效应；整体的线性景观缺乏引导，并没有发挥出整体性、系统性的生命力；②串联性不足，某些美丽乡村精品线路建设仅仅注重点上的独立效益，而点与点之间缺乏联系，导致沿途节点显得过于分散、孤立；③节奏感欠佳，精品线路作为线性景观应该讲究"起、承、转、合"的律动效果，而某些美丽乡村精品线路景观元素单一、景观结构重复，缺少节奏与变化，容易引起游客的审美疲劳。

4）营造效果不佳。主要表现在以下两个方面：①传统工艺不精，在进行营建的过程中存在勾缝漏浆、夯土墙颜色不纯、块石叠法太规整等粗制滥造的现象，这极大地影响了景观营造效果；②缺乏工匠精神，一个好的工匠应具备吃苦耐劳、肯于钻研、精益求精等精神，而现在某些工匠只是为完成任务而工作，缺乏敬业精神。

当前有关美丽乡村精品线路的研究多数仍为政策建议性成果，对实践做理论总结层面的研究尚处于试验性的初期探索阶段。有鉴于此，本书在前人相关研究的基础上，通过阐述美丽乡村精品线路的概念、缘起和发展沿革，结合规划设计实践，着手研究探索美丽乡村精品线路的营造策略和思路，突出理论联系实际的特点，着重解决沿线风貌提升问题、文化节点营造问题、产业联动发展问题，从而实现"景观路+产业路"的融合，助力乡村振兴，以期为今后美丽乡村的建设和发展提供新思路。

2.2.3 国外案例借鉴

在工业化、信息化、城镇化快速发展的今天，美丽乡村建设无疑为推进农村发展、改善人居环境、缩小城乡差距起到重要作用。从全球范围看，美丽乡村建设是一个世界性、长期性的无法回避的话题。发达国家和地区经历过因城乡差距引起乡村衰落而进行的乡村振兴，在其各自的发展过程中积累的成功经验和范式都值得我们深入思考、学习借鉴。

美国针对乡村旅游采取的一系列措施及美国公路体系的建设，使得美国形成了覆盖全域的完善的交通运输网。这一网络也使得农村与城市、城市与城市之间的联系更加紧密。美国以发展乡村旅游推动休闲农业旅游向纵深化发展。国家旅游公路以线串面，将原有的国家公园串联成一个整体，从而使公路旅客感受到更多的趣味，同时也推动了地方经济的发展。中国美丽乡村精品线路的建设应吸取美国经验，将交通设施作为一个元素，纳入整体环境中去考虑；而不是将其与环境割裂开来，这一点至关重要。同时，各相关学科及部门应在规划、设计和建设中密切合作，最大限度地构建交通设施与周围环境间的和谐。美国的这种景观和环境设计方式，有助于提升交通设施在建设、运营和维护过程中的有利影响，减弱或消除这些设施给周围环境造成的不利影响。但借鉴过程中也应当注意不可生搬硬套，强行破坏原有肌理。中国乡村的地形地貌多样，在打造精品线路时，应巧妙借鉴、灵活运用。

日本与中国同属于人均耕地面积较少的国家，也曾出现城乡差距扩大、农村青壮年人口流向城市，导致乡村空心化严重等问题，并发起过类似于中国的"美丽中国""美丽乡村""乡村振兴"的"农村建设构想"以及"经济社会发展计划"和"造村运动"等。在造村运动的背景下，为诱导村庄之间的良性竞争和可持续发展，实行"一村一品"的发展理念；同时，为振兴乡村产业，日本采取了"道之驿"的战略性政策。产业成片发展，各"道之驿"之间良性竞争，为往来游客提供地方特色产品，在一定程度上也促进了各区域的旅游和农业发展。如十胜平原地区"道之驿"，十胜平原位于日本北海道的东南部，该地区主要道路上的道之驿有"皮亚21幌""更别""足迹银河厅21""忠类""士幌温泉""蔻斯莫尔大树"等14个。每个"道之驿"都选址于资源情况较好或邻近自然资源较好的地点，对该片区的旅游发展起到一定的促进作用。其中"足寄湖"道之驿建立在可以把足寄湖尽收眼底的小山岗上。"瓜幕"道之驿邻近然别湖、牧场、观光农场、神田日胜纪念美术馆等景点。这些"道之驿"发展至今已经形成了各自的特色产品和特色体验活动。例如，"更别"道之驿的薯片和冰淇淋，"音更"道之驿的豆制品、果酱等土特产，"瓜幕"道之驿的骑马活动，"足寄湖"道之驿可参观奶酪的制作过程，"士幌温泉"道之驿则可以体验高尔夫球、温泉旅馆等。"道之驿"的主体构成是建筑及停车场与户外活动空间，均以功能性空间为主，景观设计较为简单。设计中国精品线路的节点时，可借鉴日本"道之驿"的做法，将地区的历史、民俗与产业文化融入其中。例如，十胜地区的"SUTERA本别"道之驿为保护历史，利用旧车站的历史性建筑。与日本"道之驿"不同的是精品线路更注重其历史、民俗和产业文化的艺术化表达，功能性相对较弱。对于精品线路的建设，许多人提出了宏大的计划与目标；但其实对于脆弱的乡村资源而言，重点是防范没有必要的硬体建设。发展乡村经济，需要像日本一样，从保护土地资源入手，更加注重创意与文化，重视农林渔牧资源以及当地的传统工艺，以打造乡村特有的品牌来带动产品的销售与推广。

德国是老牌发达资本主义国家、欧洲四大经济体之一。德国在乡村更新建设中取得了显著成效，模糊了城乡之间的边界，是世界上城乡融合程度最高的国家之一。德国在美丽乡村的建设过程中，不仅拥有完善的规划纲领与政策体系，而且鼓励村集体和村民共同参与，充分协调了政府、规划部门和农民三方面的利益。德国的生态村建设充分体现了可持续发展理念，切实维护和改善了农村的生态环境质量。虽然在自然资源条件、历史文化、工业化程度等方面，我国都与德国存在较大差异，但二战后的德国在促进乡村转型的规划纲领和体系制定与实施方面，尤其是注重生态和文化保护方面，对我国乡村发展以及精品线路的建设仍然具有一定的指导意义。在德国乡村建设的过程中曾出现过与我国类似的问题。在总结德国成熟经验的基础上，因时、因地、因势地加以吸收借鉴，能够为发现我国乡村建设中的盲区，突破发展瓶颈提供帮助。在设计美丽乡村精品线路时，其节点往往是村庄的入口。作为村庄的标志与集体记忆，村庄入口是乡村文化与周边自然环境的融合点，是吸引到访者的首要因素，因此更需要注重生态化与现代化的结合，以及乡村文化的表达与传承。如德国欧豪村在改造过程中，充分挖掘了自身的生态资源优势，将生态化与现代化相融合，活化老旧资源，大力发展再生能源，以多产融合的方式带动乡村经济。我国在进行美丽乡村精品线路规划的过程中，应当学习德国乡村兼具生态化与现代化的改造方式，注重乡村资源的保护与活化，实现经济、社会、文化和环境的协调发展。

第 3 章

美丽乡村精品线路规划设计方法探讨

Discussion on Planning and Design Methods of
Beautiful Villages' Fine Lines

与一般的风景园林规划设计相比，美丽乡村精品线路的规划设计牵涉面更加广泛，不仅包括道路、节点的美化，还与地域产业和地域文化息息相关，其规划设计具有特殊性和实用性。本章首先对精品线路的构成特征进行深入透彻的解析，精确定位精品线路在美丽乡村建设中的功能和作用；在此基础上有的放矢地构建精品线路的规划设计策略，最终梳理、制定规划设计流程。

3.1.1 资源要素

美丽乡村精品线路的资源构成取决于线路经过的地区，从资源属性来看大致可分为村庄、林田、道路、水系以及山体；这些资源相互关联，共同决定了精品线路的定位、特色以及发展方向。下文将从元素本身的释义与特点出发，结合元素与精品线路的关系及其在实例当中的运用进行阐述说明。

1. 乡村聚落

乡村聚落指的是以农业生产为主要经济活动形式的聚落，是乡村地区居民的居住场所（图3-1-1）。它是一种地域空间系统，是精品线路沿线既有的景观资源，组成了美丽乡村精品线路中的重要部分。乡村聚落丰富多彩的乡风民俗、劳作形态、特色农副产品、人文遗迹、自然风貌等构成了美丽乡村精品线路的独特吸引力，且一定程度上引导着精品线路沿线的整体形象定位和发展建设侧重点。因此，乡村聚落本身所具备的各种物质或非物质的资源，赋予了美丽乡村精品线路丰富的内涵，使其成为精品线路中各种资源交互存在的核心。在规划建设中，如何利用这些资源打造具有地域特色的节点，如何使精品线路具有代表地域特色的功能，是精品线路规划建设中最值得关注的问题。

图3-1-1 村庄聚落

2. 林田

林田包括耕地、林果园、牧场、林带等土地利用形式，它是通过人类活动或自然产生的大地景观肌理，构成了一种人工结合天然的农林景观。如果说生产性景观是一种融入生产劳动当中，具有生命力且能够延续的景观，那么林田则是精品线路中乡村生产性景观的承载体。无论是农田、竹林、果林的四季变化，还是农田中的传统农业耕作景象，都是乡村景观意象的重要构成，满足了人们亘古不变的乡愁记忆。

因此，以林田为资源优势的乡村会较为适宜发展以乡村产业为主题的美丽乡村精品线路。当精品线路沿线分布有桑园、果园，春季的油菜、小麦，夏季的水稻等农作物时，因田园季相变化明显，色彩丰富，景观农业特色浓厚，就可

图3-1-2 林田肌理

以带来丰富的景观效果。同时，因为农业生产活动的集聚性，林田景观通常具有规模化、色块化的特征，本质上是一种人类无意识打造的大地艺术（图3-1-2）。因此，在精品线路的建设中应该充分利用或者改良优美的林田景观资源，使其成为精品线路上乡村聚落之间绵延舒展的大地景观带。当然，几千年来形成的耕织文化也可以作为精品线路规划设计中的主题词；人类通过劳作改造自然，这个过程也是农业文明萌芽、积累和发展的过程。长期以来，不仅仅是大地风貌的改观，更孕育出了多彩、厚重的农业文化。在精品线路的规划建设中，除了对林田景观的改造利用，还应该注重将农耕文化融入景观设计中，营造有内涵和地域特征的景观空间。

3. 道路

道路属于景观中的"线性空间"，是连接各种景观节点的纽带，具有连通性、开放性、引导性、多样性的特点。精品线路依托于道路展开，并以线性空间为基础发展建设（图3-1-3）。同时，道路系统中的村庄入口、高速路入口以及道路交叉口等因其特殊的位置，通常成为精品线路的重要标识节点，代表着一个区域的形象窗口，也往往承担着地域文化内涵的展示功能。因此，针对精品线路中的道路建设部分，沿线的景观美化是任务之一，可以结合道路沿线的村庄特色打造具有连接性的特色风貌精品带。如选择女贞作为统一的行道树，花开时节效果较好，清雅又别致；抑或用水杉这类树种作为当地的特色道路景观进行重点规划，树形挺拔秀丽，丰富的四时景色给人以赏心悦目的观感。同时，针对道路的入口空间或道路交叉点等重要节点，可将地域文化符号融入节点打造中，使其实现文化和特色展示的功能。

4. 水系

水系也是精品线路所依托的线性基质之一。乡村中的主要道路，尤其是地形起伏较大的山区，道路常常与河流相伴。在河谷中蜿蜒穿行、流动的水系是道路沿线重要的景观资源，同时赋予线性的道路空间以生长性和生命力（图3-1-4）。在精品线路的规划建设中，除了滨水空间的利用和设计，对河流水系的自然生态保护也必须加以重视。"游山玩水"一词就很好地体现了乡村对人们的天然吸引力，石板路、泊船、沿岸绿树、蜿蜒水道等共同勾画出一派悠然自得的乡村水岸图景。精品线路中以水为主题展开设计的捉溪鱼、漂流、打水仗、水上秋千等各类亲水体验活动，都能让人们更好地融入乡村生活，感受欢乐质朴的人文风情。

图3-1-3 乡村道路

图3-1-4 乡村水系

5. 山体

山体与水系共同构成了地形的骨架，是一切资源所依存的基底，其自身也同样是乡村自然资源的一部分（图3-1-5）。丰富的地形产生丰富的景观，甚至决定了当地的农业生产方式；因此，精品线路沿线的景观质量常常与地形息息相关。无论是巍峨雄浑的高山大川，还是舒缓起伏的低山丘陵，游客驾车穿行其中，都能体验丰富的空间变换。另外，山不仅仅是物理实体的存在；在中国几千年的文明演化中，山水也往往承载着古代文人的归隐情怀，这种情怀深深根植于现代人的文化基因中，山水已然成为与"城市、市井"等词汇相对立的存在。同时，在民间，几千年来也形成了关于山的崇拜以及入山问道的山水生态文化。因

图3-1-5 乡村山体

此，精品线路的打造一定要充分利用所在地区的山形地貌，丰富沿线景观体验，依托于山区的地质条件和生产特色，展现神山崇拜、入山问道、归隐山林的山水生态文化。除此之外，山水地形通常代表着当地具有丰富的生境系统；而生态保护是美丽乡村实现可持续发展的保证，精品线路的规划建设也必须注重对原有生境的保护。

3.1.2　布局结构

从美丽乡村精品线路所依存的资源要素以及相互之间的关系来看，精品线路的布局结构呈现出一种"点—线—面"相结合的形态（图3-1-6）。精品线路的建设围绕"点—线—面"做美做亮，通过"串点成线、以点带面"的设计思路，打造高品质的景观廊道。

（1）点：精品线路中的点主要包括前期美丽乡村建设形成的"精品村"、景区、主要标志性节点、产业园区、公园乃至景观小品、景观停靠点等。它们已经过前一时期的建设，各具特色和功能，是精品线路上的闪光点，犹如一颗颗散落的珍珠。

（2）线：点与点之间若没有线性的联系，各个美丽乡村就只是孤零零的"盆景"，而不能形成规模化的"风景"。精品线路中的"线"则主要包括交通道路、自行车道、步行道等，串联起沿线的"点"，连成美丽的生态廊道。"线"一方面满足了点与点之间的交通连接，另一方面又兼具景观性与游憩性以及展示地域文化和产业特色的功能。它们纵横交错，不断延伸生长，构成了精品线路的布局网络。

（3）面：精品线路的"面"主要指原有的环境基底，包括林田、水系、山体等。它们赋予精品线路以乡野风貌特色，是精品线路的真正依托和价值所在。美

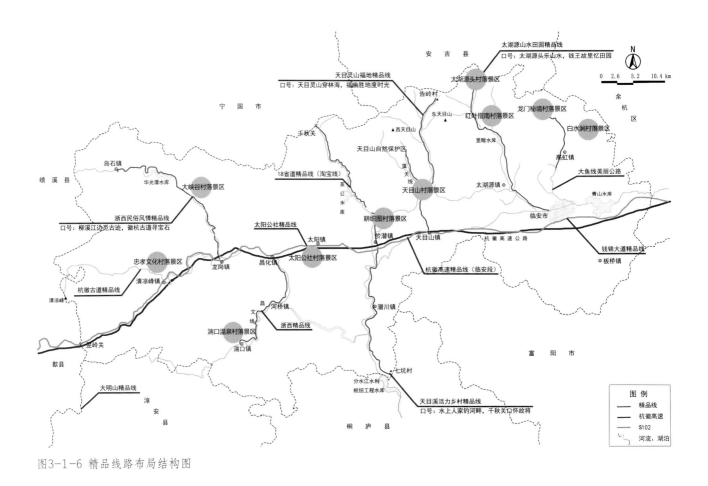

图3-1-6 精品线路布局结构图

丽乡村精品线路也正是按照"点—线—面"的布局结构，遵循"蒸小笼、串珍珠"的建设思路，才逐步编织出独具乡村野趣的美丽画卷。

3.1.3 空间特征

1. 系统性

美丽乡村精品线路是具有线性特征的综合系统，其中各个组成要素既相互影响又互为条件，共同构成精品线路。在规划建设过程中，必须抓住系统性特征，全面考虑点线交织的网络结构；通过统一的文化内核，以期能串成一个综合的、更有生命力的精品线路。从另一方面来看，其中的点线面又大小不同，功能各异，形成一个主次分明的系统，给人以丰富的观赏体验。

2. 开放性

线形是会延展的，也是会变化的，接纳着周边各个影响要素的参与。作为一种线性空间，精品线路与各类乡村空间有着较大的接触面；也正是由于它们的介入，精品线路才能够不断变化更新与拓展。

3. 连续性

人的视线是流动的、连续的，而精品线路的线性属性又与人的视觉观赏机制十分相符。精品线路中线性景观的连续性和引导性，使得人的视线不断游移、流动，不会较长时间停留在一个固定的点上。例如，交通道路、慢行系统乃至植物景观的序列性种植都共同强调着精品线路的连续性。

4. 生长性

精品线路是有生命力和可持续发展能力的，不是一成不变的乡村建设模式。从一方面来说，组成精品线路的景观要素是会不断生长变化的；同时，随着建设的推进，精品线路会吸引周边与其相接触的空间基质以及产业文化要素，不断发展壮大，乃至相互联结，成长得更具影响力。正是通过精品线路这一景观媒介，营造出一种复合的空间共生系统。

通过对美丽乡村精品线路特征的梳理、总结，功能定位的确认，以及临安美丽乡村精品线路规划建设的总结，有针对性地提出了以下四个打造系统性、科学性、生态性兼具的高质量美丽乡村精品线路的策略。

3.2.1　讲述一个故事

一条动人的、有人情味的精品线路有着自己的时间线、故事线、人物、主要情节、次要情节、高潮乃至结尾；它是系统的，节点与线索相互承接，如同环环相扣的故事情节。它是主次分明的，故事中主要的转折情节总是颇费笔墨。精品线路的景观打造也有主次之分，重要的、有特殊功能的节点要不遗余力地重点打造。它是独具气质的，每个故事都饱满鲜活，有着属于自己的颜色。精品线路也因为沿线的乡村聚落、建筑空间、民俗活动、传统手工艺、名人文化乃至特色小吃而各具风采。

美丽乡村精品线路的各个构成要素相互联系，共同发挥作用。其规划实质便是串联起零散的沿线资源，整合美丽乡村的建设成果，连接成一条发展线。在规划设计实践中充分发掘各条精品线路的独有特质，将沿线的乡村景观资源有序地串联起来；作为一个系统进行规划建设，注重全局发展，力求串联出一个只属于它的故事。

3.2.2　乡土与时尚相结合

乡村地区是中华五千年农耕文明的发祥地，是现代人的"桃花源"，也是老一辈寻找儿时记忆的场所。"乡土"与"时尚"在释义上是两个形成反差与对比的词汇。但这样的对比与反差在当今这个时代，特别是乡村这个特定舞台，就好比戏剧冲突，两者的结合能够让设计作品在空间焕发创意活力的同时，兼顾地域文化传承。这使得设计作品与本土文化融合共生，更加和谐，更富有生命力和感染力。

在乡村设计实践中，坚持乡土与时尚相结合的原则，以现代手法演绎乡土景观，在现代景观设计中应用乡土元素。当充满乡土记忆的物件、元素与现代时尚的景观创意碰撞在一起时，可谓既"拉颜值"，又"接地气"；既跟上了现代城乡发展的脚步，又体现了乡村原始的韵味。

乡村景观空间的建设不是大刀阔斧地重新规划，而是在乡村原有基础以及文化脉络上进行适当的创新改造设计。通过将乡土景观元素巧妙运用于现代形式的铺装、景墙中，或是对乡土文化进行重新解读并融入现代的规划设计手法中，使失去功能的空间焕发活力（图3-2-1~图3-2-3）。

3.2.3 材料乡土化，形式乡村化

乡土是地域特色和本土文化的体现。乡土景观元素来源于乡村生活，来源于自然，与地域特征密切相关，记载着每个村庄、每寸土地的历史变迁，并蕴含一定的文化意义和地方精神。每一寸土地都有它独特的历史文化积淀，通过乡土景观元素的重组及再现，将不同历史阶段的语汇应用于如今的美丽乡村规划设计中，展现历史文化特色，传承地域文脉。设计师从平凡的乡土景观元素入手，进而将其运用于当前的精品线路规划设计中，凸显其质朴的美和原汁原味的乡土风情。瓦片、茅

图3-2-1 乡土元素入口

图3-2-2 乡土元素小品

图3-2-3 乡土元素景墙

草、红砖乃至废弃的谷风车、拖拉机等元素都可以作为精品线路景观特色的一部分。无论是乡土植物、乡土材料还是器具，都琐碎而真实；让景观增强可识别性，人们更能感受到乡村地方文化和民间风俗，且大大提高资源的利用率。乡土景观元素作为景观营造的物质基础和表现形式，其生态价值也不容忽视。当代美丽乡村运用不同风貌的乡土元素，将记忆场所的营建手法与可持续发展的生态理念相结合。竹、木、砖、瓦、植物等乡土材料具有一定的朴实性、生态适应性和就地取材的方便性等性能，对于缓解乡村建设中材料、能源的短缺和人居生态环境的恶化具有重要的现实意义（图3-2-4～图3-2-7）。

图3-2-4 乡村小水景

图3-2-5 乡土元素铺装

图3-2-6 乡土小节点

图3-2-7 组合的小品

乡村的核心竞争力在于其自然的山水景观、浓厚的文化底蕴和纯朴的风土人情。设计师在规划设计的过程中，注重乡村形式特质的承续和保留，实现自然境域下人们生活与生产的原真性，留存居民质朴的生活形态，形成一种真正"美丽"的乡村风貌。这样才能够为人们提供自然和生活体验，唤起人们内心的乡村记忆；也才能够称得上是"望得见山，看得见水，记得住乡愁"的美丽乡村。比如在具体的设计中，对于栏杆的设计可以用砖砌矮墙的方式解决，村口的标识可以用茅草屋顶形式呈现，指示牌的功能和产业特色的标识也可以处理成乡土风格的景墙（图3-2-8）。

图3-2-8 石材与钢材结合建造的景墙

3.2.4 让老百姓参与进来

村民是乡村振兴的主体，他们既是受益者，更是参与者。真正的美丽乡村不应止于乡村经济增长和村容村貌改善等硬件方面，还应落实到广大乡村各类人群的全面发展与各种需求的满足上。因此，美丽乡村精品线路一定是以村民为主体，确立村民主体性地位，汲取村民的生活智慧，重拾村民的乡村文化认同感。美丽乡村精品线路从构思到落地的整个过程，要广泛汲取民众的智慧，激发民众的"活力因子"。美丽乡村精品线路的规划设计阶段要在充分进行现场实地勘察的基础上，听取当地政府以及村民的意见和建议，只有与当地居民零距离沟通交流，才能对当地的风土人情有更好的认识和理解，将人们的日常生活、生产作为头等大事进行规划设计，建设出具有人情味的乡村景观（图3-2-9）。

随着美丽乡村建设活动在各地相继开展，针对建设过程中出现的量大面广、

图3-2-9 乡土风格景墙

景观趋同、特色丧失、建设成本高等问题，提出"串、显、融"的设计逻辑，尽量保留、保持和保护乡村的"面"，共同构成以"亮点闪耀、沿线梳理、污点整治"为手段的"在自然中见人工"的精品线路，发挥"线"与"点"的撬动作用。例如，临安美丽乡村精品线路的产生进一步巩固、提升了"美丽乡村"的建设成果。

3.3.1 规划设计逻辑

在美丽乡村精品线路规划设计中提出了三串——"形象串连、空间串联、风情串链"；三显——"凸显产业、框显景致、彰显特色"；三融——"产业融合，三生融合，文化融入"的设计逻辑（图3-3-1）。通过串联、优化景观元素，挖掘、彰显地域文化，融合、统筹产业特色，将美丽乡村串珠成链、连片成景，从而发挥乡村整体效益，实现"景观线+产业路"的融合。精品线路设计过程中所

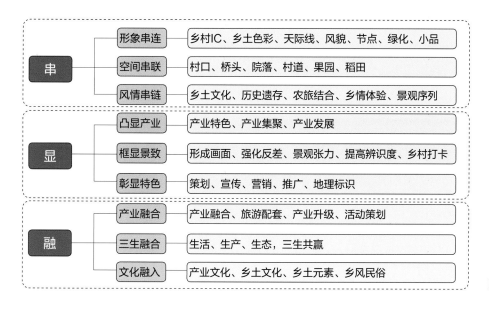

图3-3-1 规划设计逻辑图

有的节点，都把自然、文化和产业完美地融合起来，因地制宜、凸显创意，再现美丽乡村耐人寻味的丰富内涵。

3.3.2 规划设计方法

1. 保护利用——保留、保持和保护面域景观

面对乡村环境中的大量山水林田湖，精品线路的基本做法是尽量保留、保持和保护乡村的"面"，进而发挥"线"与"点"的撬动作用。美丽乡村精品线路设计秉持"山水林田湖是一个生命共同体"的理念，保持其原有的自然山水肌理不变，尊重原有村落"建筑—院落—公共空间—水系—绿地"的格局与肌理，对道路、水系等进行适当的梳理，并加以分层改造。以线性空间的整体系统论指导美丽乡村精品线，强调精品线的系统整体性、有机联系性和不可割裂性。依托乡村自然山水本底，加快旅游资源整合，以美丽公路串起集镇乡村，连接景区田园，大力优化农村生产、生活、生态空间格局（图3-3-2）。只有把美丽乡村精品线看成一个多元素集合的整体，才能真正发挥出系统的综合效益，并且一定远远大于各要素简单相加所产生的效益。

图3-3-2 乡村道路节点美化

2. 借景山水——看得见山、望得见水

从自然美的角度来看，乡村景观远胜于城市景观。乡村作为自然基底上镶嵌的斑块，拥有美丽的农田、起伏的山冈、蜿蜒的溪流、葱郁的林木和隐约显现的村落；同时，又因村民世代居住而产生宗

族文脉和文化认同，这是乡村既存的独特优势，也是其区别于城市景观的最大特点。因此，乡村规划设计之"借"是乡村景观设计的第一步；借景随机，则佳景自成。在乡村规划设计中，应在对场地和乡村生活理解的基础之上，对自然资源和历史人文资源随遇而借；随机应变，巧于因借，才能推陈出新，凸显特色，使乡村景观融入大自然环境之中；因势利导，使其相互衬托。在乡村景观建设的过程中，往往因为业主方和利益方的复杂性需求，边画边改、边设计边施工，这与古代兴造园林的过程近似；需要设计师做到借景随机，触情俱是。

3. 以少胜多——自然中见人工

乡村景观反映人们的生产、生活方式，乡村地域受人类活动的干扰程度较低，景观类型多样，景观结构保存较完整。在乡村景观的规划设计过程中，必须在环境容许的范围内，坚持"轻干预"的原则，保持自然景观的完整性与多样性，建立功能高效、结构合理且生态平衡的人居环境。由此可见，美丽乡村建设的精髓正是"自然中见人工"。在乡村景观的规划设计中，保留山水本底的大格局，从乡村自然环境中获取设计灵感，选用竹、木、砖、瓦、植物等具有朴实性、生态适应性且取材方便的乡土材料，进行少量强化、局部艺术营造，打造精致、艺术的乡村景观，营造极简风格的点景，达到以少胜多的效果（图3-3-3、图3-3-4）。

图3-3-3 乡村里的自然（一）

图3-3-4 乡村里的自然（二）

3.3.3　规划设计模式

美丽乡村建设工作在各地相继推行，普遍存在建设及后期维护投入成本相对较高的问题。调查发现过去几年建设的一些精品村、特色村、风情镇，虽然在规划建设上相对成熟，然而这些点、面相对孤立，缺少线性的联系，导致发展方向偏离预定建设目标，故提出菱形发展模式（图3-3-5）。菱形模式即"亮点——闪耀、沿线——梳理、污点——整治"。通过以线串点的方式，提高美丽乡村的景观建设质量，有效地解决了美丽乡村建设项目中现存的"质"与"量"不平衡的问题。

乡村在地域性和乡土性上通过各种实体景观和民风民俗的形式呈现出的景观特征，很容易被识别、认可和记忆。人的视线是连续的、流动的，线状景观符合人眼的工作机制，容易产生统一的视觉美感。边界景观的连续性和引导性，对于美丽乡村精品线路的规划建设具有重要影响。结合凯文·林奇"城市意象"理论中提到的"节点"与"边缘"在城市整体意象中的作用，基于"景观特征""视觉敏感性"和"城市意象"等方面的分析，提出的菱形模式，是基于一定的理论分析，相对合理且成本低、质量高的美丽乡村规划设计方法。

亮点闪耀：心理学研究表明，人在观察周围环境时，由于个体行为的需求或局部影像提供的线索，会将注意力有选择地集中在某个或某些景物上，选择一定的点或者区域作为景观的"标识"，进行后期的视觉信息处理。亮点闪耀即节点突出，节点是观赏过程中的视觉聚焦点。通过实体景观和色彩要素的配合，不断分割空间以增加景观层次和吸引力。设计中强调所用材料和建造技艺应具备乡土性，反映社会文化的地域性，最终提高辨识性。高质量的设计作品有助于形成乡村的场所精神，是与节点的地域感融合发展的。这些"亮点"作为景观的"标识"，其景观质量和吸引力在一定程度上代表了人们对整个美丽乡村建设项目的评

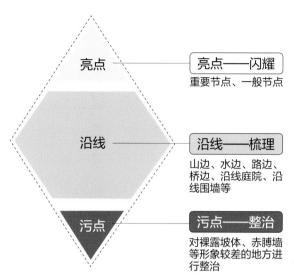

亮点 — — 亮点——闪耀
重要节点、一般节点

沿线 — — 沿线——梳理
山边、水边、路边、
桥边、沿线庭院、沿
线围墙等

污点 — — 污点——整治
对裸露坡体、赤膊墙
等形象较差的地方进
行整治

图3-3-5 菱形模式结构图

价；因此，有效地突出亮点是十分必要的。

沿线梳理：人的视线很难固定于某个特定的位置，尤其在快速移动中，更难接收到沿线点状景观的信息。边界景观则能提供较长的观赏时间和持续的视觉刺激，对观赏者的视觉和心理感受都有很大影响。设计师在保证一定视觉刺激的基础上，梳理边界景观要素，设计有秩序感、体现统一性的沿线景观，以整体提升景观质量。反映在微观尺度上，设计师在山边、水边、田边、街边，以及沿线的庭院、绿化、围墙等地方，利用简单有序的景观元素进行有节奏的重复，来梳理长长的乡村"边界"，而不做大面积铺展，从而渲染有序、丰富的景观氛围。

污点整治："视觉显著性"广义上指的是某些景观区域环境与周边环境差异显著，会引起人们强烈的视觉唤醒，人就会特别注意那些明显不同的部分。同理，人眼"扫描"线性景观时，会被景色突出的"亮点"吸引；同时那些景观不佳的"污点"，也由于与周边环境相差过大，更易引起注意。因此，对堆场、裸露山坡、"赤膊墙"、店招店牌、棚舍等进行覆绿、清理或遮挡等处理，来消除"视觉污点"，是在量大面广的情况下快速改善景观效果的有效策略。

3.4
建设流程与设计程序

3.4.1 建设流程

　　杭州是较早提出美丽乡村精品线路建设的地区，对于美丽乡村精品线路的规划设计模式具有前瞻性。早在2013年，杭州市便提出了建设28条美丽乡村精品示范线，并在7个县区推进实施建设。更值得一提的是，美丽乡村精品线路是作为一个独立的项目推进规划实施，而不是作为美丽乡村总体建设下的一个分项。通过分析已建成的美丽乡村精品线路，总结美丽乡村精品线路规划设计流程（图3-4-1）如下：

　　（1）项目决策阶段，根据地区经济发展规划的要求，建设单位提出开发目标和任务，并委托工程咨询单位编制项目建议书和可行性研究报告。

　　（2）立项通过后，对拟建的建设工程项目通过招标发包的方式，吸引设计单位进行公平竞争，并从中选择条件优越的单位中标来完成设计任务。

　　（3）设计单位中标后，进入项目实施阶段，安排方案设计任务和日程计划，确定项目的初步设计方案，经过讨论优化后，提交给建设单位审批。

　　（4）设计单位根据已批准的初步设计方案，进行施工图设计。

　　（5）施工招标投标阶段，确定施工中标单位后，设计师配合施工单位进行现场工程施工。

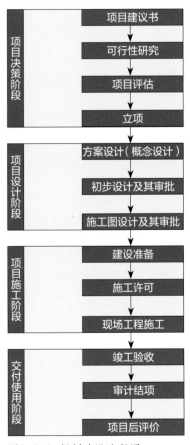

图3-4-1 规划建设流程图

3.4.2 设计程序

由于乡村发展存在区域的不平衡性，乡村的资源分布存在分散性和不规律性；因此，规划设计若缺乏科学性、系统性，将不能充分挖潜乡村资源特色、整合乡村景观优势；使整个规划设计显得千篇一律、散乱无章。因此，系统、合理的规划设计程序对于乡村精品线路建设显得尤为重要（图3-4-2）。

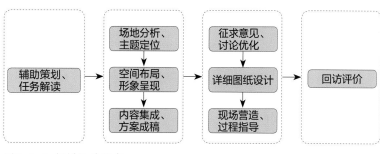

图3-4-2 规划设计程序

1. 辅助策划、任务解读

乡村精品线路规划涉及多个部门，包括属地乡镇、农林单位、建设部门、城乡规划单位……涉及范围广、内容泛、部门多，因此其规划任务往往不明确，各个单位之间需要紧密合作、沟通交流。因此，设计团队不仅要能够做好设计工作，还要起到"桥梁"作用。在规划时要积极与各单位沟通，充分收集各类资料，仔细考察规划地点，广泛争求群众意见，最终明确规划内容。

2. 场地分析、主题定位

场地分析需要以美丽乡村精品线路规划设计理论体系为指导，站在战略和全局的高度上，对现状环境、产业、文化、公共基础设施等方面进行充分调查分析。首先，应明确区位，分析周边的交通走向及区域内周边的用地性质，将场地放在其周边的区域关系中进行定性分析。其次，对乡村区域内的自然及人文资源进行梳理与整合，牢牢抓住现存优势，挖掘出精品线路设计中需要立足的核心点以及脉络。再次，对乡村区块内所存在的问题分层分级，提出不同的整治整改措施；选择具有明显特点及优势的精品点，充分发挥交通、水系等已有的线状连接，并对沿线道路的景观进行优化，确立一个纵深轴线的基础布局结构。

主题定位一般要结合资源特征、上位规划引导、居民意见和规划师的分析设计来确定。美丽乡村精品线的主题一般分为三个方向：自然资源开发游憩型、乡土产业扩大体验型、历史人文保护开发型。自然资源开发游憩型精品线路以乡村的山水格局为基础，最大限度地挖掘自然要素的景观化潜质，以规划区域内的山体、田地、水系、林地等资源为塑造内容。乡土产业扩大体验型精品线路要充分利用现有的产业基础，合理调整一、二、三产业的结构比例，引入游憩体验的发展模式，扩大产业、产品输出方向。历史人文保护开发型精品线路要充分挖掘资源点的历史文化价值，将其总结、提炼，用形象符号转译，形成主题化的乡村历史文化线路。

3. 空间布局、形象呈现

首先，在上位规划和属地政府对乡村建设的目标要求下，根据用地规模、人口经济特征确定精品线路的规划规模。其次，根据乡村实际的资源分布特点，确定精品线路的总体结构模式；例如散射状、中心交叉状、环状等。最后，充分发挥设计师的创造力，提取精品线路沿线的环境特征，农业、人文和产业特色等信息元素，结合设计经验，初步勾勒出规划构思；从整体到局部，从个别到细部，规划思路清晰，一步步往下深入。形式既要体现乡村特质，又要体现规划方案的整体性；做到既有高潮又有亮点，既生动又活泼。根据地域特征做出独特且具有可操作性的设计方案。

4. 内容集成、方案成稿

美丽乡村精品线路规划内容包括自然景观内容和文化景观内容。自然景观内容是以自然山水作为本底，在山、水、林、田、湖原有风貌的基础上，通过提升沿线景观风貌，将自然景观资源和农业景观资源相结合。文化景观包括物质文化景观和非物质文化景观；物质文化景观包括传统建筑的保护、传统材料的运用等，非物质文化景观包括传统技艺的再现、乡村人文氛围的渲染等。

方案的形成过程不仅需要集成自然景观内容和文化景观内容，还需要将其转译成特定的符号，或以"小中见大"的方式，或以"自然中见人工"的方式，以最小干预为设计原则，通过风貌梳理、环境整治、主题凸显等形式，形成一套完整的方案，将设计内容以直观的形式展现在大家面前。

5. 征求意见、讨论优化

初步方案形成后，总设计师一是需要将绿化、水电、建筑等各专业设计单位召集起来，将方案呈现给大家，各单位对方案进行评判；总设计师根据意见对方案进行优化调整。二是深入实地调查，将方案与现场进行核对，同时广泛征求群众意见，对调研发现的问题和群众反馈的意见进行总结分析，从而优化方案。

6. 详细图纸设计

详细图纸设计主要包括方案设计和施工图设计。方案设计是一个整体把握的过程，相比于施工图设计，主要起到整体引导串联的作用，所以不需要十分精确。施工图设计是整个规划设计过程中最为严谨的环节，能够决定一个项目最终呈现出来的落地效果。在将方案平面图转化为施工平面图的过程中，首先要与方案设计师做好沟通与对接工作，明确方案设计的目的及设计师想要达到的效果。同时，在设计过程中，时刻遵循各种法规，结合人体心理学及人体工程学，把握好尺度、材质、颜色等，通过对文字、图线和图形做合理组合，将各项要求全面准确地表达出来，从而达到指导施工的目的。

7. 现场营造、过程指导

设计人员对施工现场进度定期指导，对施工过程进行一对一的衔接和从始至终的跟进，亲自参与现场确认叠砖置石、小品物件的摆放位置、朝向等工作，将自己对于尺度、图案、材质、色彩等方面的专业知识运用到现场营造中，使设计成果能够以最佳的效果和状态呈现出来。现场的营造施工当然也可能发生意料之外的问题及状况，设计人员的现场跟进也能够确保问题的及时解决和修正。当施工过程中出现施工部件与设计不符的情况时，驻场设计师及时与施工人员进行沟通，妥善解决施工过程中的问题，努力还原设计效果。当施工过程中，设计图纸上的数据出现误差，无法施工时，驻场设计师要及时调整方案，以确保施工进度（图3-4-3）。

为了进一步增强美丽乡村景观的场景感和生活感，政府及村民也应积极贡献自己的一份力量，积极与设计师沟通交流设计理念。比如，政府组织搜集拖拉机、稻谷风车、板车等充满乡村生活气息的农具，民众主动用生活中的小物件装饰庭院及节点等。

8. 回访评价

场地施工的完成并不能为设计画上完美的句号。任何事物，只有经过时间的检验和岁月的沉淀，才能逐渐显示出它的真正价值所在。每隔一段时间，对建成实景进行拍摄记录，同时也对使用人群进行随机访问等措施，对精品线路建设后的效果进行回访评价，经常对已建成的项目进行回顾及总结，从中发现已有实施方案中所存在的问题或缺陷，及时拟定解决方案，提高设计判断力，并据此确立后续设计及相关项目实施的操作模式。

图3-4-3 现场营造、过程指导

4.1.1 场地研判

太湖源镇位于临安区天目山南麓，因坐落于太湖重要水系苕溪源头而得名（图4-1-1）。太湖源山水田园精品线路经过锦城街道和太湖源镇两个镇街，全长约36km；起自杭徽高速临安西出口，止于太湖源镇白沙村；沿途经横街村、钱王铺村、青柯村、浪口村、众社村、里畈村、临目村、指南村等村庄。从南苕溪河谷平原延伸至东天目山深谷，串联红叶指南村、太湖源景区、神龙川景区、杭州竹种园等多个旅游景点。

早年，这里的村民依靠砍树烧炭来维持生计，导致大量天然林遭到破坏，生态环境失去平衡，暴雨、泥石流等灾害频发。此后，在当地政府的有效引导下，村民结合生态保护搞经济林开发，因地制宜地发展葡萄、竹笋、有机茶和山核桃等种植产业；滥砍滥伐现象得到控制，太湖源镇重现绿意葱茏。同时，当地政府依托

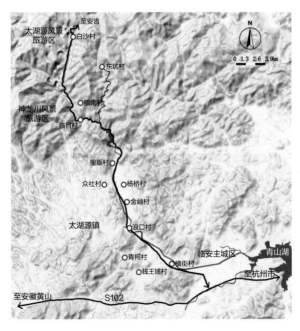

图4-1-1 太湖源山水田园精品线路区位图

三大景区（神龙川风景区、东天目山、太湖源景区）优势，因地制宜发展农家乐，形成以景区带人气、以农家留人住的互赢局面，帮助村民开拓了一条富民之路。

太湖源山水田园精品线路沿线村庄地形地貌多样。其中太湖源为峡谷地形，拥有得天独厚的自然风光，青山连绵，绿树成荫，山花烂漫，清溪长歌，悬瀑飞泻。指南村东西两侧分布着470余亩的梯田，景色蔚为壮观，且至今仍保留着340多株珍稀古树；每逢秋季，金黄的银杏叶和火红的枫叶映衬得村庄格外美丽。白沙至临目段山溪优美，尤以白沙至里畈段深潭碧水景观为甚，是太湖源线颇具吸引力的所在。

临西路至里畈段地势平坦，土壤肥沃，气候湿润，为农作物生长提供了良好条件，是临安传统农业区，培育了多个农业园。横街村葡萄园便是其一，它是浙江省级精品水果基地、杭州市都市农业示范园区，面积2000多亩；出产的葡萄口感极佳，多次在省市葡萄评比中获奖。而东坑村茶园也久负盛名，该园培育、炒制的茶正是临安原产茶叶品牌"天目青顶"，又称天目云雾茶。天目青顶形似兰花、叶质肥厚、色泽绿润，滋味鲜醇爽口、清香持久，汤色清澈明净，芽叶匀齐成朵，是在国际商品评比中获得金奖的绿茶上品。

这里是钱王（钱镠）的故里。唐大中六年，钱镠（852—932年）生于浙江临安，是五代十国时期吴越国的创建者，后称武肃王。武肃王在位期间，曾征用民工，修建钱塘江捍海石塘，由此"钱塘富庶盛于东南"。在吴越国文化的熏陶下，太湖源镇孕育了丰富的民间传说与民俗文化，如钱王传说、民间音乐、民间舞蹈（白沙鳌鱼灯、吴越双狮）等。同时，该区域也出现了许多优秀的传统手工艺，如天目笋干、青柯鸟笼等制作技艺。鸟笼制作技艺历史悠久，在发展过程中逐步形成北笼、南笼、广笼三大流派。现青柯村的鸟笼为南笼派的品牌之一，其选料考究、工艺精湛、造型典雅、活态传承。在2011年"绿色家园、富丽山村"和"杭州市美丽乡村建设"中，被作为特色产业大力发展，青柯村更被临安市非物质文化遗产保护中心认定为鸟笼传承基地。2014年青柯村鸟笼被列入杭州市非遗保护项目。

4.1.2　产业景观化、生活场景化

1.　主题构思

基于该区域优越的山水本底、丰富的农业资源和深厚的文化背景，设计将太湖源精品线的主题定为"太湖源头系山水，钱王故里忆田园"。一方面，该线路沿途多为自然山水，青山连绵、绿树成荫、清溪长歌，因此自然风光秀美；另一方面，临西路至里畈段是临安的传统农业区，种植着桃、葡萄、茶等品种繁多的农作物，农业资源丰富。除此之外，由于线路沿途受钱王文化的影响，孕育了丰富的民间传说和民俗文化。因此，设计时充分结合当地产业和文化特色，以山水为环境本底，田园农业为特色，钱王文化为区域文化，以生活化、场景化、野趣化为表达原则，形成了独具特色的田园观光长廊。

2.　设计策略

随着多元文化的影响，当代景观在延续对传统景观形式和功能设计的追求之外，进而关注意义、价值的层面，将情感体验、审美内涵及生态环境耦合于复杂的景观空间之中，塑造独特的景观文化，并借此抒发对于场地的情感记忆。林兴宅在《象征论文艺学导论》中提出从审美的角度去理解景观文化，就是促使设计师构建具有鲜明特征的艺术形象，激发观赏者的想象和内心情感活动，重视对艺术特征的理解。因此，场地景观的营造不仅仅是简单的临摹和再现，更需要艺术化的加工，从而唤起体验者内心的情感波动。

太湖源山水田园精品线路在保护自然生态环境的基础上，结合区域风土人情、地方文化、历史典故和人文风情，打造具有一定地域文化特色的景观。通过主题提炼及艺术化表达、乡土材料的应用、工艺工法的推敲、施工过程的优化四个方面打造独特的乡土景观。首先，根据太湖源深厚的历史文化背景和丰富的农业自然资

源，提炼出"太湖源头系山水，钱王故里忆田园"的主题，并对其进行抽象、转译、提取，形成一定的文化符号或场所精神；然后，以当地的砖、瓦、黄土等乡土材料为主，结合钢材等现代材料进行设计打造，实现乡土与时尚的结合；最后，由主创设计师带领团队对方案进行不断的推敲，并邀请老工匠进行现场施工指导。

3. 空间布局

太湖源山水田园精品线路从南苕溪河谷平原延伸至东天目山深谷，沿途串联横街村、青柯村、浪口村、里畈村、临目村、白沙村、指南村等，全长约36km。设计时为更好地把握产业文化在景观中的表达，将各个村庄的产业文化进行搜集筛选，综合考虑乡村发展的各方面因素，选取六处节点进行设计，最终形成以葡萄、桃子、茶叶、红枫为主题的葡萄园、桃园、茶园、红叶园，以及将传统元素结合工法创新形成的百草园、水园这六大节点（图4-1-2）。

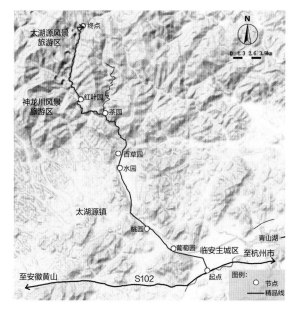

图4-1-2 太湖源山水田园
精品线路节点分布图

4.1.3 "太湖源头系山水，钱王故里忆田园"

节点一
横街村之葡萄园

【构思要点】横街村位于临安市西北部，地处南苕溪畔，是临安主要的水果产区，被誉为"临安吐鲁番"。肥沃的土壤和适宜的气候培育出甜而不腻、鲜爽多汁的横街村葡萄。因此，该节点以葡萄为主题，体现当地产业特色。

每年葡萄成熟季节，有大量游客慕名来横街村购买葡萄、体验葡萄采摘。当地居民看到商机，沿路摆摊售卖，以方便驾车的人们沿路停车购买新鲜葡萄。但由于原有场地空间不足，现场常常出现交通堵塞现象，因此存在着巨大的安全隐患。葡萄园为村民提供集中售卖的场所，同时也为驾车游客提供停车的场所，方便游客购买葡萄或体验葡萄采摘，因此形成极富产业特色的商业景观节点。

【设计过程】葡萄园节点在选址时本着不占用新建设用地的低影响开发原则，在横街村路边原有建筑"葡萄庄园"的基础上，进行适当改造（图4-1-3）。当地的古旧民居多为古色古香的徽派建筑风格；改造后的建筑仍保留徽派建筑粉墙黛瓦、马头墙等主要特征，结合建筑立面进行改造（图4-1-4、图4-1-5），以提升景观。同时，修建木质格栅葡萄架并种植葡萄，以呼应该地区的葡萄产业特色，营造富有产业气息的景观节点。

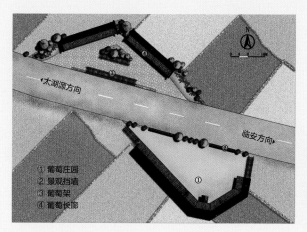

图4-1-3 葡萄园平面图

图4-1-4 葡萄园建筑二东立面

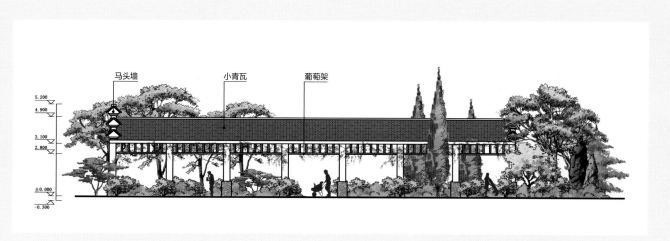

图4-1-5 葡萄园建筑二正立面

【构思要点】桃园所在地青柯村以鸟笼为特色。村口场地内原有一些健身器材和一座景观亭，地面为硬质水泥铺装；绿化景观单一，但保留了几株长势不错的老桃树。因桃树承载着人们对青柯村的特殊记忆，故该节点以桃园为主题，以鸟笼为特色元素，展示当地产业文化。

设计师通过场地上栽植的桃树和老石板上题刻的"桃园"字体，点明了场所主题。在村口，桃园内几株老桃，些许鸟笼，"桃花灼灼，鸟儿啾啁"，桃花源里的生活境况，诗意般地在简约的田园造型里释放；既寓意鸟语花香的田园风光，又展示了青柯村的产业特色，突出了田园形象，为都市人的农业观光增添了多样的风景。

【设计过程】初期方案中，桃园节点通过在老石板门墙上镶嵌鸟笼，从而展示青柯村的鸟笼特色产业。鸟笼与墙体虚实相生，增加空间的趣味性。

"桃园"二字的初始设计为黑色花岗石题刻黄色字体。在现场指导施工的过程中，设计师发现施工人员未按图施工且违背风俗，立即对方案进行修正，对字体颜色和底板石材进行反复斟酌和电脑模拟（图4-1-6）。最后选择了最贴合桃园特质的老石板材料，配以孔雀绿题刻；整体既不张扬，也不太

图4-1-6 桃园方案推敲

过暗淡。在"桃园"节点的景墙前空地上放置的大鸟笼，并未出现在初期的方案里；由于施工方理解错误，把设计方案中景墙上的鸟笼做大了；如果舍弃，势必造成浪费。故设计师灵活应变，经过反复斟酌和现场摆放试验，最终将鸟笼安置在景墙前的空地上。随着光影的变化，鸟笼展现出绝佳的视觉效果；同时，与景墙中的鸟笼形成体量和空间上的对比，产生二维到三维的变化，增强了情境体验感（图4-1-7~图4-1-12）。

图4-1-7 桃园平面图

① 原有健身场地
② 原有公厕
③ 原有变电箱
④ 景墙
⑤ 停车场

太湖源方向▶

图4-1-8 桃园桃花（临安农村农业局程丽敏提供）　图4-1-9 鸟笼小品

图4-1-10 桃园建成实景图（一）　　　　图4-1-11 桃园建成实景图（二）

图4-1-12 桃园建成实景图（三）

浪口村之水园

【构思要点】浪口村位于太湖源镇最南端，紧邻S205。浪口村地形多为平原和丘陵地，村内河渠纵横、翠竹碧绿、村道整洁、乡风淳朴。由于其地处南溪和南苕溪交汇处，故水资源丰富。双溪交汇好似双龙戏珠，因此该节点以"水园"为题打造。

【设计过程】"水园"节点建在浪口村村委前空地上；借助浪口村委已建的院墙，将其打造成景观节点。为呈现最佳观赏效果，将院墙改"直"成"折"，青砖景墙与S205形成45°夹角（图4-1-13），最大限度地满足了游客对观赏视野的要求。景墙上错落有致地镶嵌水缸和酒坛，并在部分容器中种植适应性良好的乡土草花（图4-1-14）；另在部分容器中暗藏涌泉，清泉汩汩流出，增强了景观的趣味性。建造材料多选择水缸、酒坛、瓦片等乡土材料，契合浪口村以水为特色的乡村文化底蕴。建成后的水园与设计效果吻合度不高，局部设计处理有所改善。设计师本想在水园入口处的花坛里种植时令花草，后考虑到成本较高且在乡村难以打理，因此改种本土开花小灌木——杜鹃。为凸显主题，在景墙上镶嵌"水园"二字，点明景观主题（图4-1-15）。

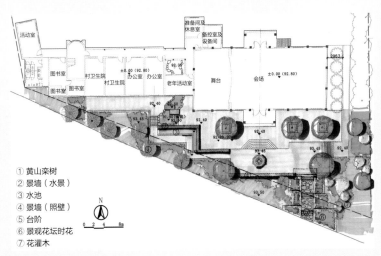

① 黄山栾树
② 景墙（水景）
③ 水池
④ 景墙（照壁）
⑤ 台阶
⑥ 景观花坛时花
⑦ 花灌木

图4-1-13 水园平面图

图4-1-14 水园建成实景图

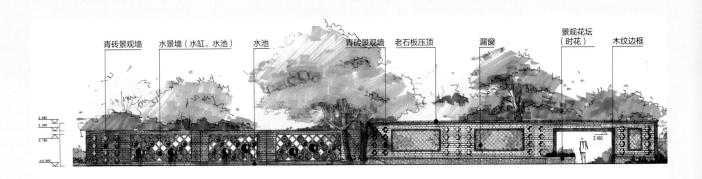

青砖景观墙　水景墙（水缸、水池）　水池　青砖景观墙　老石板压顶　漏窗　景观花坛（时花）　木纹边框

图4-1-15 水园立面图

82

【构思要点】里畈村位于风景秀美的里畈水库下游，由原来的溪里村、里畈村两村合并而成。当地农业生产活动主要以种植香榧、杜仲、铁皮石斛、枸杞等中草药材为主，农耕文化特色明显。设计场地位于众里线与 S205 相交的三岔路口处，属于里畈村的入口段。因此，该节点以百草园为主题，展示里畈村的中草药生产特色，同时也成为村口的标识景观。

【设计过程】设计场地原有混凝土垃圾回收站用房，距离三岔路口较近，既影响景观美感，又影响驾驶员视线。出于对美观和安全的考虑将其拆除，并移至其他位置。三岔路口处众里线的桥梁护栏为实心水泥墙，且高度较高，影响驾驶者的视线；出于安全考虑，将桥头的护栏拆除部分后，建成具有一定通透感的院墙，形成统一连续的节点景观（图4-1-16）。根据里畈村的整体风貌，通过增设夯土墙、黑瓦檐顶、草棚等元素，模仿乡村传统建筑的构造；结合时令草花和荞麦、芍药、野菊花等兼具观赏价值的中草药种植，与乡村原有生态风貌相协调；唤起人们记忆里的乡愁（图 4-1-17 ~ 图 4-1-19）。

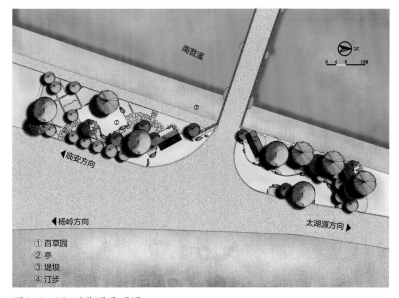

① 百草园
② 亭
③ 堤坝
④ 汀步

图4-1-16 百草园平面图

图4-1-17 百草园建成实景图（一）

图4-1-18 百草园建成实景图（二）

图4-1-19 百草园建成实景图（三）

【构思要点】"东坑茶园四季青,山道蜿蜒入云顶。昔日古村隔尘世,今朝敞怀迎远宾"。东坑村位于太湖源镇的西北角、里畈水库的上游,山明水秀,气候宜人;有机农产品资源丰富,其中最为突出的是有机茶"天目青顶"。因此,该节点以茶为主题,突显东坑村的特色有机茶产业资源。

S205与东观线三岔口原来标识凌乱,不能体现东坑村的名茶特色,且标志牌后面山崖石壁裸露,存在安全隐患。设计时,将挡土墙与景墙相结合,既达到拦截散落山石的作用,又能遮挡裸露的岩壁;在提升景观效果的同时,达到宣传产业特色、展现地域文化的目的。

【设计过程】根据东坑村有机茶产业特色,提取茶具、茶叶等元素,作为构景主题。利用镂空的竖向槽钢勾勒出"茶壶、茶碗"的外部轮廓,"茶叶"以不同的形态散落于"茶壶、茶碗"周围。青砖砌筑的景墙作为底色背景,营造茶香四溢、闲适恬淡的茶园风光。

设计方案从构思到落地需要设计师和施工人员不断地交流与沟通,调整实施方案,最终达到最佳的建成效果。在初期的茶园方案中,青砖景墙用木色钢槽包边,但在建设过程中,发现木色槽钢色彩过于沉闷,与"茶园"淡雅清新的主题相冲突。于是经过多次实地考察、现场比对,最终决定将木色改为白色。但由于施工过程中工人师傅操作不慎,将少量茶色涂料滴入白色涂料中。阴差阳错之下,发现略带茶色的钢槽包边整体效果更佳;同时,将"茶园"二字改为黄绿色,保证了整体效果的协调统一(图4-1-20~图4-1-22)。

图4-1-20 茶园建设过程图（一）

图4-1-21 茶园建设过程图（二）

图4-1-22 茶园建成实景图

86

節点六
指南村之红叶园

【构思要点】指南村位于临安太湖源头的高山坪地，村外梯田壮观，村内古树参天，保留了三百四十多株珍稀古树。每逢秋季，红枫飘舞、黄金满地的美景引来众多游客。为了更好地串联精品线路，在连接指南村的永指线与 S205 交叉路口设置标志性导入节点。考虑村庄特点，最终确定以红叶为主题，设计红叶园，以体现指南村美丽的红叶景观。

【设计过程】经前期调研发现，交叉路口的处转弯半径较小；路旁竖立有三块大体量的广告牌，不仅影响驾驶者的视线，存在安全隐患；且摆放无序，有碍观瞻。距交叉路口大约 15 米处有一座牌坊，周围杂草丛生，主题不够突出（图4-1-23 ~ 图 4-1-24）。

设计首先拆除广告牌，加大转弯半径并设计卵石堆砌的退台式挡土墙，打开了原本狭窄的空间，使指南村入口牌坊突显并成为主景。退台式挡墙反映了指南村的梯田特色；台地间种植草坪或地被，弱化挡墙边角，同时形成梯田意向。设计结合指南村的红叶特色，种植枫香、银杏等色叶树种，形成背景林。

挡墙结合背景色叶林成为入口牌坊的陪衬，烘托主景，形成大气、开阔的入口标志景观。它既是一个导引，将游客吸引至指南村；又是一个窗口，向游客展示指南村特色（图4-1-25）。

图4-1-23 红叶园入口原状图（一）

图4-1-24 红叶园入口原状图（二）

图4-1-25 红叶园入口建成实景图

4.1.4 就地取材，点染乡风

💡   关键词提取：

【太湖源头系山水，钱王故里忆田园】太湖源山水田园精品线路以"太湖源头系山水，钱王故里忆田园"为主题，通过空间环境的提升、人文环境的营造以及产业特色的融入，形成多元素交织融合的景观，构建出一条空间意趣生动、社会文化内涵丰富、产业经济效益凸显、层次丰富的美丽乡村精品线路。其中，葡萄园、桃园、茶园分别以横街村的葡萄产业、青柯村的鸟笼产业和东坑村的有机茶产业等特色产业为依托，水园和百草园以水文化和乡土植物为主题，红叶园以指南村的红枫景观和台地特色为设计元素，构建了一系列景观节点。在具体的节点打造中，从场地现状和功能要求的角度出发营造景观，葡萄园、茶园和红叶园由于空间限制，以葡萄架和景墙等既节约场地又富有标志性的形式表现村庄产业特色和文化特色；水园、桃园和百草园的节点设计提取本地文化元素，综合考虑功能、视线和交通要求等进行空间组织与设计。

【乡土材料巧利用】施工中多采用本地乡土材料，或筛选施工过程中废旧的材料。废旧材料的巧妙再利用，既节约了材料成本，又可化腐朽为神奇，产生意想不到的乡土意境。如在桃园的施工过程中，施工方因理解错误制作了一个原本不需要的巨型鸟笼；设计师在现场指导的过程中，决定将其置于植草砖上。巧妙地消化利用却产生了意想不到的景观效果。

【不抢风头，甘作配角】设计师需要不断提醒自己的是，最重要的不是如何突出设计本身，而是如何与场地环境相协调，并加以恰当地保护利用。因此，在太湖源美丽乡村精品线路的设计中，为了整体景观效果并更好地为民服务，设计师需要甘作配角。比如红叶园的设计，新的设计让步于原有的牌坊，使其成为空间的主景。退台式生态挡墙的设计在体现指南村台地景观的同时又消化了牌坊与地面的高差，消除了牌坊的突兀感，使其与周围环境更加协调。桃园节点也是在青柯村原有村庄健身小游园的基础上改造而成，景墙的设置无疑是点睛之笔，有效提升了公共厕所和周围环境的质量。总之，经过设计团队的反复斟酌和施工团队的倾力打造，太湖源山水田园精品线路通过沿线绿化和立面整治提升了沿线整体景观效果。通过设置六个节点空间点明空间主题，展现了当地的环境基底、产业特色和文化底蕴。

✎　设计师问答：

问1：在太湖源节点中您对哪个节点的设计过程印象最深刻？

答1：印象最深刻的是桃园。这里原本为村口小公园，是村民主要的公共活动场地之一。在对场地进行多次调研、分析后，选择鸟笼、桃树、条石等设计元素，在加强构成和设计组合形式时，要注意景观内容和功能的结合；因此，在设计时，需要考虑以下三点：

首先，应处理好构成形式与功能之间的关系。景观具有一定的功能性和实用性；功能性是景观存在的必要因素，形式只是为了满足功能需要所采取的方式。

其次，应处理好构成形式与内容之间的关系。景观平面的内容就是景观布局所要求布置的一些基本建筑、设施。在形式与内容相冲突的时候，形式必须为内容让路。

第三，应处理好构成与形式之间的关系。形式是人们观后的第一印象，若处理不好，就会导致整个设计陷入僵局且缺乏美感。

在设计时时刻遵循以上设计要点，当遇到鸟笼的形式（体量）问题时，更换位置，放置于空草地上，弱化其尺度感，竟收获了意想不到的效果。为丰富景墙内容，而将鸟笼半嵌入景墙中；如此，景墙不仅仅是景墙，也是一个组合的文化艺术品。

问2：您觉得设计师需要在建设过程中去施工现场指导吗？

答2：当然是需要的，不幸的是大部分的风景园林师没有那么多时间去工地。事实上，工地才是项目真正形成的地方，通过监督施工，可以保证所建造的景观达到理想的效果。只有和工程师一起工作，设计师才能知道施工图纸文本中哪些信息有待改进。通过现场施工管理，设计师将会了解到，一个项目建成并启用后产生的价值，哪些达到了预期的效果而哪些没有，以及使用者的感受如何等。

以桃园这个节点为例。首先，节点施工主要由当地的村民来完成，但他们缺少施工技能，经常不理解图纸。其次，对于材料细节部分，我们选择了很多能够体现乡土特色的老石板等材料，这些老石板规格不统一，因此需要设计师现场指导，才能达到预期效果。设计师也需要根据施工现场情况来及时完善或修改设计方案。

4.2
天目山灵山福地
精品线路

4.2.1　场地分析

天目山灵山福地精品线路起于杭徽高速天目山出口，沿线经过天目山镇闽坞村、交口村。至白鹤村时分为两路，一条经过月亮桥村、天目村，终至天目山景区；另一条经过徐村、一都村、告岭村，终至天目大峡谷。该线路低山宽谷，风貌秀丽，形成了山林溪谷与山乡人家的有机融合（图4-2-1）。

天目山历史文化悠久，是集儒、道、释于一体的三教名山。唐代惠忠、元代中峰、清代玉琳三位国师均出自天目山佛寺。清代创建的禅源寺，是佛教中韦陀菩萨的道场，现在天目山仍存有禅源寺山门、天王殿、韦驮殿、狮子正宗禅寺（今称开山老殿）及太子庵等部分佛教建筑（图4-2-2）。道教始祖张道陵在此出生、修道；如今西天目山还有张公舍、张公洞等遗迹。南北朝南梁武帝之长子昭明太子在天目山分经著书，天目山便成了儒家著书立说之处。百年积淀之下，天目山逐渐形成了三教文化与本地世俗文化相互融合的独特的天目山文化。除此之外，天目山也有着得天独厚的自然资源。天目山动、植物种类繁多，珍稀物种荟萃，群峰环抱，古木掩映，植被覆盖率达95%以上，森林景观独树一帜，以"古、大、高、稀、多、美"称绝于世。

除极富底蕴的天目山文化和自然环境之外，精品线沿线也凭借着天目笋干、天目山核桃、天目云雾茶、"大佛手"银杏果、天目烘青豆等特产脱颖而出，在地方上具有一定影响力。近年来，乡村旅游成了旅游界的新贵，精品线沿线村落以其"山乡"特有的空间格局、生态基底和种植业、畜牧业等形成的生产性景观，获得了游客的广泛认可和一致好评。随着体验经济时代的到来，传统观光旅游和土特产售卖的市场格局逐渐变窄。精品线沿线村庄抓住机遇，发展乡村旅游，以第三产业带动第一产业，使经济不断发展。

图4-2-1 天目山灵山福地精品线路区位图

图4-2-2 天目山禅源寺山门

　　该地区有着独特的天目山文化、优越的自然环境和绝佳的发展机遇，但也面临着乡村内部景观破碎化，空间格局零散的问题。各村落之间缺乏线性联系，使得各个美丽乡村是孤零零的"盆景"，而未形成规模化的"风景"，不能将乡村的活力充分激发出来。没有完整的乡村旅游产业链导致发展后劲不足；因此，精品线路规划设计的重点就在于串点成线，打造根植于天目山历史民俗的文化品牌、可代表本地生活图景的有生命力的文化意象和与历史传说、文化典故相匹配的物质景观。

4.2.2 乡村叙事性园林

1. 主题构思

设计师充分利用"天目山文化"，结合当地人对天目山的认同感，运用园林艺术和技术的各种手法，因地制宜地使主题中的艺术形象得以生动的体现；融情入景，情景交融，打造一条彰显天目山灵山福地内涵，以深度休闲度假体验为特色的文化旅游精品线路。团队在设计时秉承寻根觅源的主题思想，结合民俗风物，从本土非经典地域文化中寻找设计灵感；设计出既能展示文化，又是叙述故事的一系列景观；串点成线，将一个个故事串成一段情怀。设计师最终提取"识""觅""守""恋""隐"5个字作为节点主题，以"高山绕弥音，香林觅知己"表达"识""觅"主题；"抱琴看鹤去，枕石带云归；黄竹隐桃花，水月座中忘；山村夜雨后，身心尘外远"表达"守""恋"主题；"空山听梵音，飞度山门外"表达"隐"之主题。串点成线，串联天目山沿线的景观资源。通过一种非经典地域文化的呈现来寻找身份的认同和文化的自信，演绎一段关于"归隐"的故事。

2. 设计策略

设计师以立体思维打造天目山灵山福地精品线路，不仅是简单的线性方式，更包含了民俗文化、产业文化、山水文化等内容。天目山灵山福地精品线路加强了游人的游览体验性，以较强的指向性、连续性、流畅性和强烈的延伸性，特别是通过景观设计手法来表达隐逸的故事，激发人们的探索欲望，指引人们去探寻未知空间。天目山灵山福地精品线路以乡土与时尚的融合为设计手法，提取天目山佛教文化作为构景主题，展示一种神山、圣山、仙山崇拜及入山问道的山水生态文化。线路设计结合天目山特质、物产（天目笋干、山核桃）、文化（天目盏、月亮桥），循着"笔墨乡愁，灵山福地，一路山水，一路禅意"的景观意象，利用天目山文化串联村落，以乡土情怀活化乡村空间，最终使乡村获得重生。

3. 空间布局

天目山灵山福地精品线路主线，从杭徽高速藻溪南出口，经藻天线至天目山南大门，沿线串联天目山镇闽坞村、交口村、白鹤村、月亮桥村、天目村等村落。在前期调研的基础上，设计师提取"识""觅""守""恋""隐"为主题，结合场地特征和天目山物产诠释"天目山隐逸文化"。设计师在高速出口以"天目迎客"节点开启线路篇章，契合"识"的主题，此后分别在白鹤村、月亮桥、天目村和天目山门打造以"觅""守""恋""隐"为主题的节点景观（图4-2-3）。

图4-2-3 天目山灵山福地精品线路节点分布图

4.2.3 "天目灵山穿林海，福幽圣地度时光"

节点一
高速出口（天目迎客）

【构思要点】天目迎客节点位于藻天线西侧，与杭瑞高速出入口正相对。现状中绿化长势不佳，水渠为硬质驳岸，生态效益较差（图4-2-4、图4-2-5）。其不远处的背景山林线自然优美，在设计时不可设计过高的景观构筑物或种植较高、较密集的植物，遮挡其优美的山脊线。

图4-2-4 天目迎客原状图（一）　　　　图4-2-5 天目迎客原状图（二）

　　高速公路出口景观是展现地域特色的首要门户，同时也是外来游客了解当地民俗风情、自然地理的最为便捷的窗口。由于其区位的特殊性与重要性，故节点提升主要围绕地域特色的植入与民俗文化的彰显展开。该节点是天目山灵山福地精品线路的起点，以"识"为主题，打造为天目文化的起点。

　　【设计过程】由于该节点位于高速路出口的正对面，是进入天目山的第一个标志性节点，天目山文化的动态卷轴由此展开。因此，在该节点设计中，设计师意在以景观化的语言表达该节点作为"天目山标志""初识天目山"的功能定位。

　　起初，设计师考虑将场地设计成排列规整的银杏树阵广场，将原有的生硬水渠改造成"眼"状水池。同时，立竖向景石三块于水中，上刻"山"字，点出天目山，旨在为游客留下深刻的第一印象（图4-2-6）。但由于场地正对杭瑞高速出口，若在此处设计一个树阵广场，吸引游人，会造成一定的安全隐患，且该方案的造价较高；故设计师顺势转变思路，探索更为合理的景观营造方式（图4-2-7）。

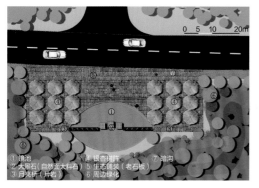

① 镜池
② 大景石（自然面大科石）
③ 月凳桥（片岩）
④ 银杏树阵
⑤ 生态铺装（老石板）
⑥ 周边绿化
⑦ 暗沟

图4-2-6 天目迎客初期方案平面图

图4-2-7 天目迎客初期方案效果图

经过反复的推敲修改后，设计师决定利用原来的水渠与山体轮廓，以舒缓的地形为骨架，以优美的自然山体为背景，以自然通透的植物景观为中景，以水渠为前景，营造舒缓优美的景观（图4-2-8、图4-2-9）。主景为置于水岸的刻有"天目迎客"字样的景石，简单明了，点明景观主题。河岸采用自然生态的入水草坡，代替原有生硬呆板的硬质驳岸，去人工化，营造更自然的生态景观（图4-2-10～图4-2-13）。

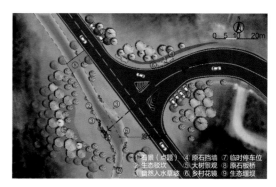

① 石景（点题）　④ 原石挡墙　⑦ 临时停车位
② 生态驳坎　　⑤ 大树景观　⑧ 原石板桥
③ 自然入水草坡　⑥ 乡村花镜　⑨ 生态堰坝

图4-2-8 天目迎客方案平面图

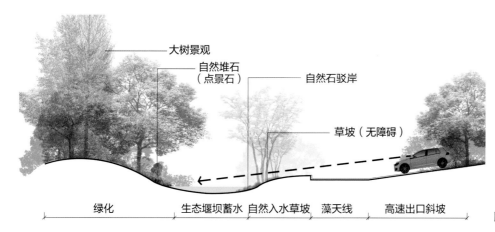

大树景观

自然堆石（点景石）

自然石驳岸

草坡（无障碍）

绿化　　生态堰坝蓄水　自然入水草坡　藻天线　高速出口斜坡

图4-2-9 天目迎客剖面图

图4-2-10 天目迎客效果图

图4-2-11 天目迎客建成实景图（一）

图4-2-12 天目迎客建成鸟瞰图

图4-2-13 天目迎客建成实景图（二）

【构思要点】白鹤村坐落于风景秀丽的天目山国家自然保护区脚下，村口原有的景观石组与白鹤雕塑的组合效果颇佳；但由于管理不善，场地内景观缺乏层次，减弱了景观组合的呈现效果。由于该节点已有部分景观亮点，在设计时，取其精华、去其糟粕，充分尊重场地现状；对景观石组与白鹤雕塑进行保留和提升，对下层植物进行梳理与分层，以此作为该节点营造的主要思路。

【设计过程】该节点以"高山绕弥音，香林觅知己"为主题，此句来源于俞伯牙与钟子期的故事。"觅"的解读为寻觅。该节点是本条精品线路上的第二个重要景观节点，设计师将"寻觅"二字植入场地，旨在顺承"天目迎客"节点"初识天目山"的主题，意在传达让游客在初识天目山之后，用自己的双眼去寻觅天目山的神奇之处。节点的具体营造方式为引入雾森装置，雾森装置制造的雾气效果结合形态逼真的白鹤雕塑，呈现出独特的景观效果，仿佛白鹤能在氤氲的雾气中瞬间苏醒过来，振翅高飞，飞向天目仙山（图4-2-14 ~ 图4-2-16）。

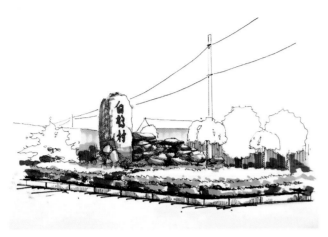
图4-2-14 白鹤村口手绘图（一）

图4-2-15 白鹤村口手绘图（二）

图4-2-16 白鹤村口建成实景图

【构思要点】月亮桥村位于藻天线沿线，由陈家、陆家、金坞三个自然村组成，借助天目大峡谷形成弯弯一月，在山中延绵。月亮桥村拥有诗意的名字，犹如镶嵌在藻天线上的一颗璀璨的明珠，"到了月亮桥就到了天目山"。月亮桥村是抵达天目山的必经之路，在香客眼中它曾经是天目山的"路标"。该节点以"守"为主题，体现觅得天目山文化后，留于此地并与之相守。

【设计过程】"守"解读为守望、驻足，表示在寻觅到天目山后与之相守，这与月亮桥的美丽传说相呼应。相传很久以前，村里有一位美丽的姑娘，每晚都会来月亮桥等心上人归来，两人十分恩爱。然而好景不长，某个晚上，当地的财主欲霸占她，姑娘不从，最终跳河自尽。为了歌颂这位姑娘的忠贞，后人又把这座桥取名为"情人桥"。传说在这座桥上许愿的人，都可以得到美好的祝福；年轻人可望尽快找到意中人，年长的可以阖家幸福、百年好合。这也是节点以"守"为主题的缘由。

图4-2-17 月亮坊实景图

图4-2-18 月亮桥村建成实景图

以月亮桥的美丽传说为主线、以场地资源为基础，通过对月亮谷、月亮潭、月亮桥、月亮坊的重新设计（图4-2-17、图4-2-18），讲述一个关于月亮的故事（图4-2-19、图4-2-20）。其中，月亮谷因两山之间形成一山谷而得名。

图4-2-19 月亮桥节点位置分析图

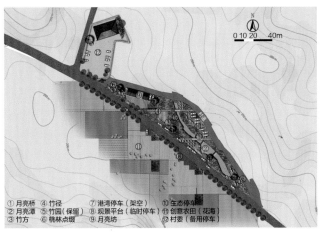

① 月亮桥　④ 竹径　　⑦ 港湾停车（架空）　⑩ 生态停车
② 月亮潭　⑤ 竹园（保留）⑧ 观景平台（临时停车）⑪ 创意农田（花海）
③ 竹方　　⑥ 桃林点缀　⑨ 月亮坊　　　　　⑫ 村委（备用停车）

图4-2-20 月亮桥平面图

图4-2-21 古月亮桥

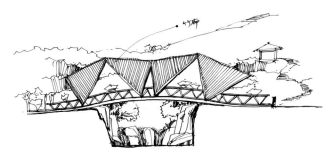

图4-2-22 钢结构竹桥手绘效果图

并就地取材，用溪流中的原有卵石，修建了拦水坝，借水坝形成的水位差，形成瀑布景观，并将上游形成的水潭取名为"月亮潭"。场地现状附近还有一座老建筑，周边环境优美，将其改造后，取名为"月亮坊"。

在最初设计时，有考虑过重新建一座仿古的月亮桥。但在实地考察过程中发现，古月亮桥距离此处不远（图4-2-21），在考虑到建一座仿古桥造价较高、场地自身的地质条件不宜建仿古石桥等因素后，设计师决定修建一座较现代的钢结构竹桥（图4-2-22）。原因在于竹子质地较轻，对于河岸两侧破坏较小，且为当地常见的乡土材料，能够唤起人们的儿时记忆和乡愁（图4-2-23～图4-2-25）。

图4-2-23 月亮坊建成实景图

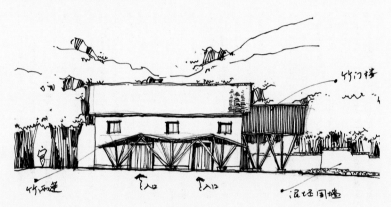

图4-2-24 月亮坊正立面手绘效果图

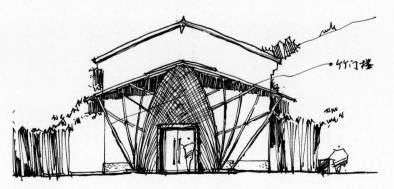

图4-2-25 月亮坊侧立面手绘效果图

【构思要点】天目村位于天目山国家级自然保护区山脚下，天目山素有"大树华盖闻九州"之誉，地处浙江省杭州市西北部临安区境内，在杭州至黄山黄金旅游线中段。主峰仙人顶海拔1506m，古名浮玉山，"天目"之名始于汉，有东、西两峰，顶上各有一池，池水长年不枯。

天目村青山敞怀，碧水含笑，景色秀丽。极高的森林覆盖率，使得这里的夏季凉爽宜人，白天不用扇子，晚上不离被子；空气中负氧离子含量高，仿佛是个天然氧吧；这里历来是纳凉避暑之胜地。但由于原有场地的山水骨架与其他要素的匹配度较低，游憩内容也不够人性化。因此，该节点以"恋"为主题，从增强人与自然的亲密关系入手；希望游人在此处沉醉于山水，眷恋于天目山的美景。

【设计过程】"恋"解读为眷恋，表示留恋于天目山，眷恋于天目山的山山水水。该节点选址在小溪边，充分利用人与水的亲密性来体现眷恋之情（图4-2-26）。设计师在现场考察中发现，原有河流驳岸与水的亲密性较差，故将驳岸分阶处理，稍做绿化，进而得到更生态、观赏性更佳的效果（图4-2-27）。运用乡土材料瓦墙、篱笆等，分隔空间；以生态石笼墙做石凳，为使用者提供休憩场所；以平铺青瓦来营造美丽的乡间场景，渲染乡间闲适悠然的氛围。斜瓦墙的设置，增添了江南人居的意境，上游河水沿着瓦片滴水而下，多了几分动感，又多了几分淡淡的忧伤。

图4-2-26 天目村口效果图

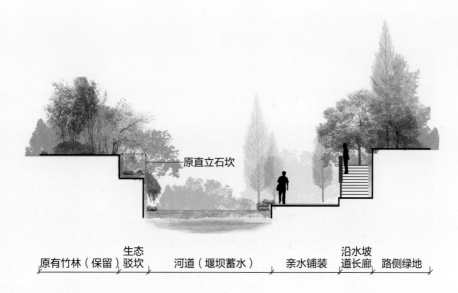

原直立石坎

原有竹林（保留） 生态驳坎　河道（堰坝蓄水）　亲水铺装　沿水坡道长廊　路侧绿地

图4-2-27 天目村口剖面图

【构思要点】天目山灵山福地精品线路演绎的是一个归隐的故事，西天目山千百年来以其独有的文化和自然景观，吸引了一批又一批的文人墨客前往。天目山门是该精品线路上的最后一个节点，位于禅源寺入口处。禅源寺在天目山南麓昭明、旭日两峰之下，掩映在青山绿林之中，山环四周，景色极为幽雅。设计师以山门和院墙为元素，山门朴素淡雅，院落寂静幽深，以"空山听梵音，飞度山门外"为主题，打造入口标志性景观，增强景观的导向性（图4-2-28）。

【主题】"隐"解读为归隐，表示归隐山门。利用现有的禅源寺，作为归隐故事的结尾，形成一条完整的故事线。

图4-2-28 天目山禅源寺

4.2.4　心有所向，物有所指

【"识""觅""守""恋""隐"，演绎归隐故事】随着外来文化的入侵和乡愁乡情日渐远去，出现乡土特色日渐式微的现象，其本质是许多传统的做法和功能不符合当前新农民、新农村、新产业的要求。乡土创意为传统风貌与新功能的兼容赢得了空间和可能。天目山灵山福地精品线路通过"识""觅""守""恋""隐"五大节点的设置，演绎一个归隐的故事。运用乡土与时尚结合的设计策略，找寻身份认同和文化自信。

【营造仪式感，找寻场所精神】设计从乡村魅力缺失这一问题出发，通过营造仪式感，变消极影响为积极因素，梳理游览次序和精神序列。将文化符号运用到景观节点中，树立起当地的品牌与特色，形成富有地域特色和特质的景观。在这个体验经济的时代，要实现乡土乡村的高附加值，首先要了解体验的客体（即体验什么）、体验的方式（如何体验），以及体验主体的心情；其次，通过营造有禅那意境和山水认同的空间环境，找寻场所精神，实现项目的主题定位。

【自然生态手法，大景观营造】天目迎客节点设计以轻干预为原则，以起伏舒缓的地形、通透的植物空间、"写满"乡愁的歪脖子老树来点缀视野开阔的大地景观。运用生态堰坝、自然驳坎、草坡入水、水景题刻等手法实现资源的活化；以自然生态的营造手法体现道法自然的生态观。月亮桥古干虬枝、枝繁叶茂和绿荫匝地的大树，颇有村口古树的韵味，形成视觉焦点；使驾驶者一路紧张的神经得以放松，同时在心理上给游客和村民以慰藉。

【乡土与创意】天目村口创新地运用屋檐这一建筑形式，借鉴传统中国山水画中低角度俯瞰的视野，将青瓦屋面设计成触手可及的高度。用回收的江南旧瓦建造一片斜三角形瓦面，重启了中国传统中建材循环利用的可持续建造模式。构建起设计师与老艺术家之间超越景观的对话空间。俯瞰的视角，根源于超越、沉思。方案以一种极具观念性的简练表达，对现代人构成一种心灵震撼。当游人走在临水平台上俯瞰，或许会在内心产生对乡村文化根源的深刻反思。

✐ 设计师问答：

问1：您为何会想到用"隐逸的故事"来串联整个精品线路？

答1：这是我来到这里首先得到的感受；这里的自然环境、乡村人家、植物、寺庙等，给我的第一印象便是"若是日后有条件，我便在此租一座宅院，不问世事，日出而作，日落而息"。这里远离城市喧嚣，独享一方宁静。而"隐逸的故事"恰好契合大多数都市人的心理。

中国人尊崇隐士的传统可以上溯到历史的源头，隐逸文化也曾异常兴盛，古人以隐逸为风尚。中国传统的隐逸文化促使人们归隐山林，而老子、庄子则从精神境界和实践理论方面为人们在山水间发现美奠定了思想基础。隐逸文化以简单朴素、内心平和为追求目标；不寻求认同为"隐"，自得其乐为"逸"；它是针对世俗文化而言的。两者皆无可厚非，个人价值取向不同而已。

问2：您最喜欢哪个节点？

答2：最喜欢天目村口。它运用旧瓦片堆叠起一片斜三角形的瓦面；在瓦片上方预留出水口，流水顺瓦面而下，营造出一种江南水乡的烂漫氛围，也是一种创新的水景。

4.3.1 场地解读

浙西民俗风情线分为两段，昌文线为南段，自昌化镇至湍口镇；S209为北段，自龙岗镇至与安徽省绩溪县交界处。南段沿途经过湍口村、迎丰村、三联村、七都村、中鑫村、聚秀村、双塔村、东街村等村落。北段沿途经过龙井村、相见村、大峡谷村、五星村、龙井桥村、仙人塘村、呼日村、江川村、岛石村等村落（图4-3-1）。

南段沿着昌文线从昌化镇到湍口镇段，涵盖低山、丘陵、宽谷、峡谷、中山等地形。沿线主要有昌化溪和柳溪江两条水系；昌化溪是分水江（钱塘江干流富春江上最大的支流）的主要源头，源短流急，雨季溪水暴涨暴落；自河桥镇向北流入青山殿水库。柳溪江被称为浙西最美丽的"女人河"，上游水质清澈见底，河滩开阔；下游江湾相连，两岸青山对峙；呈现出浙西山水的独特地理风貌。

地形地貌的多样化决定了这里植被种类的多样性和丰富性。南段自昌化镇到湍口镇为针阔混交林，主要树种为马尾松、毛竹、山核桃等。季相景观分明，色彩变化丰富，风景优美。沿线分布着山核桃林、桑树园、茶园、果园以及与桑园镶嵌种植的其他农作物，颇具农业景观特色。北段自龙岗镇至江川村段主要为针阔混交林，少量竹林、山核桃林；江川村至仁里村段植物以落叶树种为主，主要为山核桃林。龙岗镇至仙人塘村段植被类型多样，四季色彩丰富。

丰富的地形地貌衍生出众多旅游产品，沿线分布有浙西大峡谷、龙井峡漂流、浙西大龙湾3个景区；龙井、龙华潭2个乡村旅游点；以及昌化国石文化城、柳溪江国家4A级景区、河桥古镇、湍口氡温泉、泥骆乡村

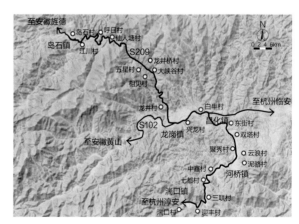

图4-3-1 浙西民俗风情精品线路区位图

4.3 精品线路 浙西民俗风情

109

旅游景点、瑞晶石花洞等旅游点。

悠久的历史更赋予当地独一无二的文化底蕴。南段有昌化镇的国石（即鸡血石）文化；河桥镇的古街文化；学川村的马灯文化和湍口镇的神兽花灯文化。北段有红毛双狮、彩凉船等民间舞蹈；朱元璋和刘伯温等名人传说；反映昌北生产生活的民歌、民谣和民间故事、谚语等。随着知识经济时代的到来，文化产业的发展趋势日益明显；民俗文化作为文化的重要组成部分，其产业化也开始受到政府的高度重视。

4.3.2　一条路串起浙西民俗风情

1. 主题构思

谈及乡村，我们脑海中浮现的常常是"方宅十余亩、草屋八九间"的乡野人家，抑或"阡陌交通、鸡犬相闻"的田园野趣。谈及乡村景观，我们往往沉醉在"山重水复疑无路，柳暗花明又一村"的诗画图景中。这种感性的描述不仅是源于生活、止于艺术的升华，也是中国乡村景观千百年来的精神内核。城镇化的快速发展对乡村面貌的冲击日益显著，随着美丽乡村建设的推进，乡建热潮裹挟大批设计师和资本进入乡村。在近年来的乡村建设中，出现了大广场、大水面等大刀阔斧式的乡村景观建设。这些完全照搬城市建设模式的乡建成果既影响了乡村的乡土风貌，也侵蚀了乡村记忆，抹杀了"乡愁"。

为避免发生这种情况，该精品线路在经过多轮实地调研和资料查找后，充分挖掘沿线各村镇的物质、文化资源；经过分析得出各村镇共通的特点，即均具有独特的浙西地域民俗风情文化。浙西民俗风情精品线路的主题为："柳溪江边觅古迹，徽杭古道寻宝石"。各个节点提取当地的自然、人文、历史和民俗文化等元素，以乡土材料为景观载体，再现故事场景。加载民俗等非遗介绍和风景特色介绍，以点带面引导游客深入各区。

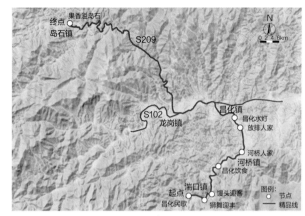

图4-3-2 浙西民俗风情精品线路节点分布图

2. 设计策略

浙西民俗文化是浙西人民在历史的发展中创造、共享和传承下来的具有本土特色的风俗习惯和文化现象，依托当地百姓的生产方式、生活习惯与精神信仰而延续至今，包含饮食、民居、服饰、节庆、生产和宗教六个方面。在乡村文化旅游热的背景下，已成为一种新型的经济载体，被政府或者开发商转化为旅游资本。乡村景观是民俗文化内涵的重要表达形式，为了更好地把握民俗风情文化景观的规划设计，其所展现的审美价值与内涵需要充分体现"真、善、美"。

在民俗文化的表达方面可以利用模拟物品造型、再现纹饰、借用文字符号等手法，对民俗文化背后的历史典故加以诠释。经过艺术加工，把一些文化元素进行提炼，并结合图案造型，通过各种景观主元素的有机、艺术组合加以体现，来烘托乡村景观的民俗文化内涵。色彩是符号文化的表现载体，应用在建筑环境、景观小品、景墙雕塑等景观要素中；与所处的乡村环境的色彩与质感，既要协调又要形成一定的反差。

3. 空间布局

浙西民俗风情精品线着眼于大的山水格局，将沿线民俗文化景观节点串点成线，为观赏者呈现沿线村庄的特色民俗文化。浙西民俗风情精品线路特色文化表达主要包括昌化水灯、放排人家、河桥古镇、昌化刀切面、馒头迎客、狮舞迎丰、昌化民歌等（图4-3-2）。本节只选取其中的放排人家、河桥古镇、馒头迎客、狮舞迎丰四个节点展开详细介绍。

4.3.3 "柳溪江边觅古迹，徽杭古道寻宝石"

节点一
放排人家（河桥镇聚秀村段）

【构思要点】"荷舸放排昌西水，好山好景惹人醉。白云红日春江暖，斜风细雨不须归"。柳溪江边的河桥古镇，乃浙西边城、唐昌首镇。鼎盛时期，三百舟船泊古埠，舷歌对唱闹浙西；商贾云集，青楼林立。碧波秀水之上，曾驶过胡雪岩庞大的船队，因而柳溪江也有着"浙西秦淮"的别称。放排是一种古老的运输形式，它运用河流的自然流向来运输山上砍伐的木材，这一方式至今仍在一些地方使用。放排这种形式体现了中华民族勤劳勇敢的精神风貌和充满智慧的生活方式，以其独特的魅力吸引了大量游人。在陆路运输尚不发达的年代形成的放排运输形式，如今即将成为过往的一种生活状态，需要利用景观设计表达的形式，再现放排人家的生活场景和运输方式，传承、普及给下一代。该节点以放排为主题，体现当地的文化特色。

图4-3-3 放排人家原状图

【设计过程】城镇化进程的推进，使得许多居民对自己城镇的记忆只能留存于脑海中，人们需要记忆，城镇也需要记忆。一棵树、一间老房子、一段残垣等，是城市记忆的载体，也是城镇里一代代人日常生活的印记。它融化在人们的血液里，构成人们温情的共同记忆，成为难以排遣的情节和情感寄托。保留并利用原场地中的废弃瓦房，作为"放排人家"节点的主景建筑，保留场地的历史记忆（图4-3-3）。

瓦房后面有一条小溪汇入柳溪江。团队在设计时，保留原建筑，并对其进行修缮；重现放排习俗，将这种习俗运用在设计中。将竹排放置在门前，屋后门连接一条河卵石铺成的小路，通往柳溪江；重现人们古时候在柳溪江中放排的场景（图4-3-4）。

图4-3-4 放排人家建成实景图

河桥古镇（河桥镇河桥村口）

【构思要点】河桥镇被誉为"小小昌化县，大大河桥镇"，不仅曾经商贸繁荣，且地理环境优美，旅游资源丰富。镇内民风淳朴、人才辈出，文化底蕴深厚。河桥镇古色古香，建筑属于徽派建筑风格，于2000年被认定为历史文化建筑。该节点以河桥古镇为主题，体现当地的历史文化特色。

【设计过程】河桥古镇节点选在昌文线与柳溪江大道的交叉口处（图4-3-5）。河桥古镇节点以河桥的历史发展为背景，以建筑符号为装饰，再现曾经的村口埠头景观（图4-3-6）。方案稿中，村口标志牌的设计提取徽派建筑元素——马头墙，在村镇入口处，与建筑外墙结合形成背景（图4-3-7）。墙体绘有古时河桥镇水埠头的黑白画，画中入水台阶的对应位置用古石材建台阶，半真半假；营造现代与古代存在于同一时空下的奇幻感。台阶下有一条河卵石旱溪，以模仿柳溪江水；配置乡村草花，营造出江南水埠头的景观意向；现已成为河桥古镇的镇口形象（图4-3-8～图4-3-10）。

图4-3-5 河桥镇口原状图

图4-3-6 河桥镇口效果图

图4-3-7 河桥镇口建成实景图（一）　　　　图4-3-8 河桥镇口建成实景图（二）

图4-3-9 河桥镇口建成实景图（三）　　　　图4-3-10 河桥镇口建成实景图（四）

【构思要点】馈头是当地有名的小吃，做法是将自家做的实心馈头切成片，到火盆上烘干至松脆，有些还加入糖和芝麻，是昌化地区的干粮性食品。湍口镇通过举办馈头节活动，巧妙地将生态旅游与民俗文化结合起来，将节庆文化与商贸旅游融入其中。不仅使洪岭高山馈头成为一种产业，还成为重要的节庆和旅游品牌；同时，向外界展示了湍口独特的非遗文化和旅游魅力。该节点以馈头为主题，体现当地饮食文化特色。

图4-3-11 馈头迎客（节点二）实景图

【设计过程】馈头迎客节点选在村入口处（节点一）和与入口相距较近的路边荒地上（节点二）。节点一原址的植物长势差，无特色。节点二原址为一块待开发的荒地；场地内虽杂草丛生，但周边树木茂盛、环境优美，并且场地中有很多外形圆润、大小相近的河卵石，在后期设计时可加以利用。以"馈头迎客"为主题，突出三联村的地方特色。以制作馈头的器具和馈头作为景观元素，采用拟物的手法，将景石放成馈头的形状；将花钵设计成蒸笼屉子的形状，置于草地上。设计中将蒸馈头的器具以景观化的方式表现出来，形成蒸笼花钵、蒸笼廊架等（图4-3-11、图4-3-12）。后由于人为因素，几次更换场地，方案也随之发生改变，但前期方案的精髓部分被保留下来了（图4-3-13、图4-3-14）。

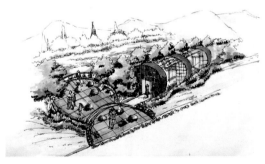

图4-3-12 馈头迎客（节点二）方案一手绘效果图

图4-3-13 馒头迎客（节点二）方案二手绘效果图

图4-3-14 馒头迎客建成实景图

图4-3-16 方案效果图

图4-3-17 建成实景图

【构思要点】湍口镇迎丰村在当地有舞狮庆祝丰收的习俗。每到丰收季节，人们都会用舞狮表演来庆祝，并祈祷来年风调雨顺、五谷丰登。该节点以狮舞迎丰为主题，体现当地民俗文化特色（图4-3-15）。

【设计过程】狮舞迎丰节点位于昌湍线路边的一块空地上，距迎丰村较近。设计以景墙形式展现舞狮的场景。以马头墙为元素设计景墙，景墙使用与当地建筑风格一致的粉墙黛瓦色调，以灰瓦压顶，将舞狮场景表达在景墙上。方案的场地在一块路边斜坡上，景墙顺应台阶设置，更富有层次感。景墙与道路形成45°角，方便驾驶者能够迎面看到景墙，给观者留下深刻的印象，形成类似地标的景观构筑物（图4-3-16、图4-3-17）。

图4-3-15 狮舞迎丰建成实景图

4.3.4　情景再现，活化非遗

【柳溪江边觅古迹，徽杭古道寻宝石】浙西民俗风情精品线充分挖掘当地村庄的环境资源、本土文化和特色产业的发展潜力，通过对乡土建筑元素的提炼、传统街巷肌理的再现、村口广场空间的提升，凸显人文底蕴，展现地域特色，打造富有民俗风情的景观廊道。全线以材料乡土化、形式乡村化、景观特色化的手法，加载民俗、非遗介绍，以点带面，引导游客深入游览，增加导游指示信息的功能。通过重要遗迹写真、场景营造、器具景观化的应用，表达"柳溪江边觅古迹，徽杭古道寻宝石"的主题。沿线各节点充分体现了当地的饮食文化、生产文化和生活文化，是非物质文化的物质化表现及有效传承。

【老房子老样子，新功能新体验】景观营造要分主次，主要节点重点打造，次要节点简单打造。可对原有老房子、老作坊进行功能置换，使得老建筑的脉络得以延续，新功能的要求得以满足。如放排人家对原有的老房子进行整理和提升，使得该节点能够有效地渲染乡村古朴自然的气氛。

【2D 和 3D】河桥古镇节点以原本较为突兀的墙体为画布做二维墙画，与画中景物无缝对接的古船、水埠头，形成别有趣味的景观效果。方案中兼顾建筑原有的功能与景观效果，以古老的块石装饰门头，既方便人家入户，也打破了墙面单一的景观。以旱溪的形式暗喻水体，为墙绘与小品营造"水乡"环境。利用以上种种元素，共同展示河桥古镇的埠头文化。

浙西民俗风情精品线从乡村聚落建筑、民风民俗、生态环境、田园风光、民俗文化和传统生活状态等多个方面入手，打造真实的乡村氛围，为游人提供惬意的行车环境和休憩节点浓浓的民俗风情。

✎ 设计师问答：

问1：河桥村口墙绘呈"裸眼3D"效果，其手法在乡村建设中应用得多吗？可推广吗？

答1：较成熟的美丽乡村建设都有所表达，比如安吉县孝丰镇老石坎村的立体景观图等。应该说，3D墙绘的立体效果，让景色更逼真、更形象。但我个人并不建议大范围推广。因为对于景观来说，"环境要素"尤为重要，河桥村口的碧湖、水埠、泛舟，皆与周边环境完美地融为一体，倘若"无灵魂""无文化"，而单纯为视觉效果服务，则违背了景观设计的初衷。

问2：许多设计将"民俗活动"具象化来作为景观节点，这样有什么好处呢？

答2：这样做是为了唤醒人们对这片土地本源价值的再认知，通过回忆使文化得以延续、传承。"记忆"作为一种设计语言，会使居民产生认同感与归属感。

问3：设计在很大程度上还原了乡韵，能谈谈您对自然中见人工的理解吗？

答3：就我个人理解而言，自然中见人工是以自然为本底，在乡村设计中轻干预，对自然景观予以最大程度的保护；同时，以人工艺术为点缀，来表达乡土时尚和时代特征。需注意的是在设计中要以强化特色，提高品牌辨识度为前提。

4.4.1 场地特征

S208（桐千线：桐庐至千秋关）北起临安与安徽宁国的分界点千秋关隧道，南至桐庐、临安的分界点七坑隧道（图4-4-1）。该线路以S208为依托，全长51km。沿线自北向南穿越太阳镇登村、横路村、寨村，於潜镇英公村、百园村、凌口桥村、扶西村、逸逸村、潜川镇城后村、阔滩村、乐平村、七坑村。又有乡道将於潜镇横鑫村、方元村、铜山村、昔口村，潜川镇青山殿村、伍村与S208相接。

通过调研发现，道路沿线村庄大部分已经初步整治，部分村庄绿化和公共绿地建设投入量较大，植被类型丰富，具有一定的农村特色。道路沿线物质文化丰富，於潜镇南山村的天目青顶，横鑫村的"福兰黑李"，百园村的"两李两桃"；潜川、於潜镇一带的蚕桑；於潜镇千洪的天目笋干；太阳镇横路村一带的山核桃；於潜镇周边的雷竹笋等。这些沿线特产具有悠久的历史与传统，在长三角一带具有较高的知名度。但也有一些沿线特产随着现代化进程的推进，遭遇发展瓶颈。例如，大天目区域的天目笋干缺乏特色；随着社会经济的发展，

图4-4-1 天目溪活力精品线路区位图

蚕桑业也面临着成本与效益的挑战。

天目溪活力精品线路所处的大部分地区在於潜镇附近，这里早于汉武帝元封二年（公元前109年）就建县设治，距今已有2100多年的历史。於潜镇是"耕织图"的故乡，耕织文化是於潜镇的一张金名片。古往今来，耕读传家已然成为深深烙进当地人骨子里的情感。南宋时期民风淳朴，人们傍水而居，男耕女织的生活场景被南宋绍兴初年於潜县令楼璹所作的《耕织图诗》收录，是我国最早完整地记录男耕女织的画卷。它对南宋时浙江农村生活和农业的发展状况进行了详尽的描述，对后世产生了深远的影响。除了"耕织图"外，乐平村的蚕桑文化也极负盛名。时至今日，该地区仍保持着古朴的民风民俗、优良的生态环境，和以农业为主的生产方式；在清康熙年间，这里已集市林立，趁着天目溪水运之便，除县市外，增设后渚镇、浮溪镇（今下埠村）两镇。此后"一市两镇"格局形成，商贾云集，店铺林立，并择每年农历十月初三庙会为市日，已然形成水陆并行的商贸通道。

传统的桑蚕产业，遭遇高速发展的现代科技与工业技术的挑战，受到猛烈冲击，曾经的主导优势不复存在。如何守护传统产业？如何让乡亲邻里铭记桑蚕文化和历史？这对设计师们的设计，提出了首要要求。除了以上亮点要素外，当地还有一个特别的节日叫"馒头节"，人们常常以舞蹈、耍杂技等形式来欢庆节日，成为本地独特的人文风情。著名的有养蚕民间舞蹈、南山红毛双狮、软腰手狮、辇灯、变狮、鱼灯。

综上所述，设计师分析了当地文化资源的优劣势。优势是农耕文化类型丰富，以潜川镇青山殿村为中心，分布有柳溪江乡村度假区、中海云雾山庄、深山渔村等旅游点；劣势为缺乏品牌，对根植于生活与精神深处的农耕文化继承缺乏动力；在现代化的冲击下，文化多沦为表演性质，不能成为本区域真正的生活图景。

4.4.2 用在地文化找回场所精神

1. 主题构思

时至今日，山水文化交织在当地人的日常生活中，影响深远。古老的地方耕读文化，更为这幅场景添加了浓墨重彩的一笔。乡村优美的自然景色、深厚的文化内涵及浓浓的风土人情是乡村景观的核心竞争力，更是乡村的珍贵遗产。乡土文化对于景观设计的重要性不言而喻，并且大有可为。乡村景观节点中地域文化的加载可以有效防止传统文化断层，有助于乡村美学特质的存留，对于美化乡村空间、激活乡村经济具有重要作用。若在节点设置中保留原始的乡土文化特征，既可与周围的山水本底融合，又有利于乡村文化的可持续发展。场地内连贯的山水格局与地方文化，为设计的主题构思提供了浑然天成的支撑。设计师在综合考察场地特征后，确定了"以山为阙，以水为门"的框架和"天目溪边悦渔桑，千秋关南闹花果"的精品线路主题。

2. 设计策略

天目溪精品线路的项目定位，以山水为背景，将传统耕读文化同现代的生活场景结合的方式传达给使用者。项目不仅是可观、可读、可游的空间组织形式；还通过氛围的营造，使乡亲们能够认知"场所精神"，达到情感上的共鸣。对历史场景片段的再现是最直观的表达方式。通过节点的设计展现耕作的人文风韵，整体布局以文化融入节点、环境形象结合线、沿线展开形成面的思路，构成"多点、沿线、整面"的景观布局，来传达情感。在景观营造上，使用陈列、聚集、夸张、引借、凝练、变异、融合、材质创新等手法，并采用不同形式与材质的雕刻与雕塑方式。除了对文化景观要素的提炼外，生产性景观在设计中占比也很多。生产性景观来源于生活和生产劳动，是一种有生命、有文化、可传承、有明显物质产出的景观。设计师以"生产性景观"为线索，意在刻画一幅幅乡村文化的场景。大片的农田肌理重新规划成有序、美观、效益三者兼顾的丰收农业景象。其根本目的是重塑当地居民对乡村人地关系的再认识，唤醒人们对土地本源价值的再思考以及对守护乡村这片沃土的殷切期望。

3. 空间布局

地域文化和风土人情是乡村的灵魂，精品线路的建设可以重拾乡村文化自信，深入挖掘乡村"遗产"，以设计语言诠释独特的地域文化。天目溪精品线路在保留景观生态大格局的基础上，力求维护自然景观的完整性与多样性，进行局部艺术塑造。经过前期调查分析，在对该区域整体脉络的把控基础上，提炼出雄关漫道、古寨流韵、九幽望湖、畲乡儿女、堰口新貌、深山渔村、荷塘月色、耕读传家、乐平鱼波九个亮点主题（图4-4-2），这九个节点名称是设计师对当地乡土特色的概括总结。不论是深山渔村历经数千年，从靠水吃水到游山戏水的转变；抑或是耕读传家烙刻于每条巷弄，承载于每户人家的情感；又或者雄关漫道始于五代、毁于宋、复兴于明的曲折历程；这些无一不是该地区最独特的元素。

图4-4-2 天目溪活力精品线路节点图

4.4.3 "天目溪边悦渔桑，千秋关南闹花果"

| ⊙ | 节点一 |
| | 雄关漫道 |

【构思要点】雄关漫道节点位于 S208 千秋关新老路岔口。千秋关地势险要，历来为兵家必争之地。五代后梁与吴越曾在此大战，南宋置关，戍以重兵，自此始名"千秋关"。原有指挥洞、点将台、炮台等，今已废。唐代诗人罗隐有"想望千秋岭上云"的诗句，形容山行之艰难，也说明了千秋关之险要。由于其较强的历史特殊性及故事性，设计师在构思时，"还原"便成了主要手法（图 4-4-3 ～图 4-4-5）。

【设计过程】雄关漫道于古时是重要关卡，于今日是皖南宁国通往浙江的咽喉要道，地处进入临安的重要节点。古时的"千秋关"早已荒废，如今已对该遗址做了修葺；但是新路改道后老路行人渐少。于新路与老路的岔路口设置节点，既是追忆"老场所"，也是为了恢复老路往昔的风光。因此节点需具有较强的引导性，引人前往。

图4-4-3 雄关漫道效果图

在围绕"还原"二字展开设计的过程中，设计师们查阅文献，参考早期关卡造型，以大青砖筑起的城墙缩影配合浮雕墙，复原千秋关原貌，描绘历史故事。值得一提的是，在设计之初，便考虑到人与景观节点的互动，新建的城墙不仅有观赏功能，也可驻足停留，登临眺望，感受来自遥远时代战场的气息。它作为一种文化景观，既将古老的雄关轶

图4-4-4 雄关漫道建成实景图（一）

事展现给游客，也为游客提供线路引导。而游客们每次的停留，也为衰败的古关卡注入新的活力与生机。

图4-4-5 雄关漫道建成实景图（二）

作为精品线路的开端，雄关漫道以敦厚、大气的城墙造型进入人们的视野，为场所带来厚重的仪式感（图4-4-6）。在设计细节方面，因地处交通要道，出于游客安全及行车安全的考虑，还在前方设置了临时停车位。

图4-4-6 雄关漫道建成实景图（三）

雄关漫道对面围墙的设计思路：气势宏伟的城墙虽有背景山体的映衬，与山势相呼应，但与周围村落环境的融合尚显不足。为提升"雄关漫道"的整体环境气氛并整合视觉序列，使得整个景观更加浑然天成，同时出于造价的考虑，选择对景墙进行简单的手绘处理。景墙内容以展示千秋关的历史文化为主题，以故事为线索，层层推进，展示出千秋关旧日战争的场景（图4-4-7）。

图4-4-7 雄关漫道景墙效果图

节点二
古寨流韵

【构思要点】因古代钱镠、朱元璋均于此屯兵扎寨，故称寨村。村口原立有村庄标志性置石，现有的绿地杂草丛生，虞溪为村域内主要河流，并有"大鸣岩""万岁墩"等历史遗址，文化资源丰厚。设计师以古寨的元素打造寨村韵味（图4-4-8、图4-4-9），形成视线开放的寨韵景观，增加绿地空间的可游赏性（图4-4-10、图4-4-11）。

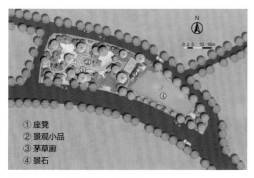

① 座凳
② 景观小品
③ 茅草廊
④ 景石

图4-4-8 古寨流韵平面图

图4-4-9 古寨流韵鸟瞰图

图4-4-10 古寨流韵建成实景图（一）

图4-4-11 古寨流韵建成实景图（二）

图4-4-12 深山渔村平面图

图4-4-13 导视牌设计效果图

节点三
深山渔村

【构思要点】晨昏暮影，樵夫砍山惊宿鸟；晚唱渔歌，夕照金舟水跃金。临安区潜川镇深山渔村（又称高坪村）位于风光秀丽、婀娜多姿的柳溪江风景区。这里青山绿水，风光旖旎。闻名遐迩的马山高山西瓜与柳溪江（俗称"女人河"）的清水鱼为深山渔村更添了一道风味。

【设计过程】入口是第一展示点，从深山渔村节点进入便是"青山殿风情小镇"。因此，入口场所的设计既要紧扣主题、造型大方，又要与周边环境和景区建筑相协调（图4-4-12）。深山渔村节点在入口处设置的形象导视牌既美观和谐，又保证了行驶安全。在人、车、环境交通系统三要素里，人只有理解环境，根据环境信息正确操作，才能保证行车安全。因此，环境的好坏对行车安全影响很大，其中视觉环境对驾驶员影响最大。在设计该场所时，由于空间场地的限制和视线的阻碍，设计通过架空和竖向表现，在保障行车安全的同时，打造具有识别性和引导性的景观（图4-4-13）。可惜的是，设计时虽已考虑了视线要素，但由于此处交通事故频发，为了更加开敞的视线效果，项目汇报时遗憾地将导视牌删除。

【构思要点】伍村是越剧《程家祠堂》的首次试演地，原来也是一个以蚕桑为主导产业的村落。现在的伍村以生态农业带动乡村产业发展，着力打造有本村特色的荷花风景，依托极佳的生态环境和自然风光，发展乡村度假旅游，推出了赏荷花、品荷花宴的特色活动。另外，这里有农家乐十余家，还有麒麟灯迎宾等民风民俗。基于村子古往今来的传承，方案设计围绕荷花主题展开。

【设计过程】荷花凌驾万花之上，伞形的叶、粉红的花、淡黄的蕊，雅称"六月花神"。在当地，每年 7 月是赏荷的最佳时期；处处皆是荷花随风拂动的景象。荷塘碧波荡漾，荷花竞相开放，呈现出"接天莲叶无穷碧，映日荷花别样红"的美景。

在前期调研中了解到，设计地块位于S208与七地线交叉口，是进入伍村的通道口；故需要凸显景观的向导作用，因此"荷塘"和"月色"皆以具象符号来体现（图4-4-14～图4-4-16）。首先，设计师在景墙前段设置了一叶扁舟，其间荷花盛开；而船前生动、曲折的花径恍若水波婉转，游人似置身水边，感受碧波荡漾，更具诗情画意。其次，利用中国传统园林中"框景"的手法，景墙嵌入月亮造型，打造了一幅虚实结合的"无心画"。最后，月亮造型后的一方竹林又形成"无心画"的背景，营造幽远意境（图4-4-17）。

图4-4-14 荷塘月色建成实景图（一）

图4-4-15 荷塘月色效果图

图4-4-16 荷塘月色建成实景图（二）

图4-4-17 荷塘月色建成实景图（三）

【构思要点】在我国悠久的历史长河中，"耕读传家"曾多次出现在古宅匾额上。"耕"是为了养家，"读"是为了学习做人。在古人看来，做人第一、道德至上；书读得好，不是为了升官发财，而是为了修身养性。耕作之余，或念四书、五经，或读《古文观止》，或听老人讲讲话本和演义。人们就在这样平平淡淡的生活中，潜移默化地接受着礼教的熏陶和圣哲先贤的教化。所以，"耕读传家"既学做人，又学治生。此处节点的设计立意，便是传统文化的升华。

【设计过程】天目溪南部的七坑村到乐平村一带，曾经是主要的蚕桑之地。相传南宋楼璹的《耕织图》就出自于此。由于於潜镇已拟建大型桑蚕文化主题公园，所以此节点并未当作重要节点来营造。设计主要以桑田肌理为底，展示《耕织图》中描绘的场景（图4-4-18、图4-4-19）；以织布工具梭子为元素，演化为独特的景观小品，安置在以桑田为肌理的路边小游园内。

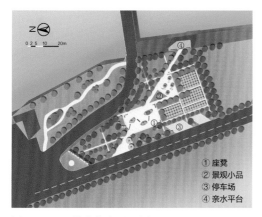

①座凳
②景观小品
③停车场
④亲水平台

图4-4-18 耕读传家平面图

图4-4-19 耕读传家鸟瞰图

乐平鱼波

【构思要点】该节点地处临安与桐庐的交界处,是出入临安的南面门户。它既是带给游客的第一印象,也是他们尽兴而返的最后一程。节点的营造必然要展现临安最精致的要素,同时又不能过于冗杂。从开始设计到施工完成,留给设计团队的只有 5 天时间。

【设计过程】从交通安全与视觉安全的角度来选择,最终设计将地点敲定于临安与桐庐交界的印渚隧道前,四周有大片竹林为背景,四季常绿。且该节点地处七坑村附近,七坑村三面环山,一面临水,有著名的鱼跳水电站,资源丰富。

起初,设计师考察周边环境,试图找到适当的造景元素。因缘巧合下发现了旁边有一场地堆放着许多乱石,石头轮廓方中带圆,表面平整,并且场地中有空地可现场做耦合石块试验。于是设计师们挑选合适的石块进行现场放样,不断调整石材的搭配(图4-4-20)。当大体造型固化后,对细节的推敲也颇下功夫。设计师选择瓦片作为建造材料,拼接成"鱼鳞"造型,镶嵌于石块接缝处附近(图4-4-21),与"鱼波"相呼应;同时增加景观耐读性,中和大块石材的笨拙感以及填充不可避免的大缝。

设计师对石块上的字体也仔细推敲过,曾经王冬龄先生为临安题写了"美丽临安"4个字竟不曾实地用过,"美丽临安"是从右往左书写,与车辆行驶方向一致,也实属因缘巧合。除了"临安至桐庐"方向的出口外(图4-4-22),"桐庐至临安"方向的入口同样不可忽视。在字体设计上，设计师采取了相似手法，于石块的另一侧篆刻；从不同方位看向节点，一侧造型立方，欢迎游客到来；一侧造型扁平，欢送游客离开，并附以篆刻章形式，字为"欢迎再来"（图4-4-23）。

图4-4-20 乐平鱼波过程图

图4-4-21 乐平鱼波效果图

图4-4-22 乐平鱼波效果推敲图

图4-4-23 乐平鱼波建成实景图

4.4.4 擦出乡土与时尚的火花

【以山为阙，以水为门；溪山行旅，耕读传家】天目溪活力乡村精品线路以乡村人地关系的再认识和土地本源价值的回归为基点，提出乡村丰产景观；以陈列、征集、夸张、引借、凝练、变异、融合、材质创新等，实现历史场景片段的再现；通过雄关漫道、荷塘月色等节点的设置，表达"以山为阙，以水为门；溪山行旅，耕读传家"的主题，打造临安最具乡土记忆的精品线路。

【虚实相生】荷塘月色以有莲花彩绘的景墙与夏季船中盛开的莲花相结合，形成平面与三维相互交融的效果，也以彩绘的形式弥补了荷花败落时的萧条。古船创新又古朴地以容器的形式出现；体现水环境，同时作为种花容器。弯月形状的墙体景框配合大乌桕树，展现了月上柳梢头的烂漫气息。

【古城墙新风尚，时尚与乡土】雄关漫道以新的工艺工法砌筑古城墙，既是一种文化的呈现，也为行人提供引导；既为游人展现古老的雄关轶事，也颇有"一夫当关，万夫莫开"的气势。

天目溪活力乡村精品线路以活力乡村为特色，通过挖掘沿线的自然环境基底、产业发展特色和历史文化内涵，整治沿线环境，设置景观节点；使《耕织图》与苏东坡笔下勤劳、善良的畲乡儿女耕读传家的形象相得益彰，使之成为畅通、整洁、优美、和谐的精品线路。

 设计师问答：

问1：您脑海中最有画面感的是哪处场景？

答1：雄关漫道。一是由于这个节点非常具有气势，把古城墙、古关卡的雄伟展现得淋漓尽致，团队成员不论是设计还是施工，都层层把关。二是它有一个互动性在里面，人们可以真正走进场地去体会。说实话，我们参与设计的精品线路上大部分的节点都具有景观提升或交通引导的功能；但能够让村民、游客去切身体会的还真不多；所以我最喜欢这里。

问2：雄关漫道以新的工艺砌筑古城墙，有遇到什么难题吗？

答2：施工材质方面的难题吧；要营造老城墙的感觉，对砖的选择尤为重要。

问3：设计时有没有遗憾之处？

答3：还是对于深山渔村的节点。其实这个节点很重要，由此进入就是"青山殿风景区"。青山殿风景区有很多风格独特的建筑物，交叉路口需要好好作一下优化，以便引导游人进入景区。但是据了解，这里曾出过几次交通事故，出于安全性的考虑，最终还是放弃了原设计方案。

4.5

精品线路

『太阳公社』

4.5.1　场地分析

太阳镇位于浙江省杭州市临安辖区内，四周青山环绕，翠竹森森，一派江南风光。战国时期，太阳镇又名"双溪口"（因地处桃源溪和富源溪的交汇处而得名），后改名为"双源口"（即地处桃源和富源的出口处而得名）。到唐朝鼎盛期，改名为"太阳镇"。"太阳公社"美丽乡村精品线路是继"太湖源山水田园精品线路"全新亮相后，临安集中打造的10条精品线路之一，也是"一廊十线"中启动建设的第五条精品线路（图4-5-1）。该精品线路沿途经过太阳镇上庄村、双庙村、景村、浪山畲族文化村等村庄。自杨村畈到双庙村，主要为农田景观；自双庙村到景村，道路两边多为建筑以及大片水杉林；自景村到水坑村，以起伏的山地为主，有大片的竹林、阔叶林以及阔叶与针叶混交林。

太阳镇不仅自然风光秀丽，一把居家必备的鲤鱼钳，让这个小镇在全国五金工具行业颇有名气。早在计划经济时代，就有一家五金加工企业落户太阳镇，随着这家企业的技术骨干、销售人员纷纷跳槽，太阳镇的五金加工企业就遍地开花，办一个红一个。经过多年的发展，形成了以五金工具、汽车止推片、玻璃制造为主的三大产业；一批规模化企业齐头并进，形成了太阳镇特有的工业集群。太阳镇生产的五金工具占整个临安市场份额的80%，是当之无愧的"五金工具之乡"。另外，太阳镇党委政府立足本地，结合实际，大力发展农业产业，搞活农村经济，从单纯的一产向二产、三产延伸。太阳镇目前已成为临安粮食生产区和畜禽主要养殖区，"太阳米"以品质和口感畅销，山

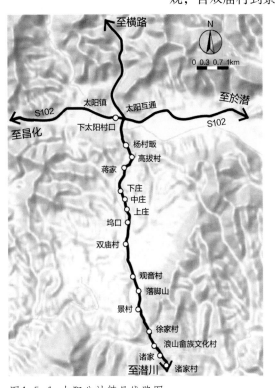

图4-5-1　太阳公社精品线路图

核桃也以粒圆壳薄、果仁饱满、香脆可口的优良品质享誉海内外。

但是经实地调研发现，沿线建筑风貌不佳，与现有环境不协调；少部分建筑毁坏严重，已不稳固；破败的"赤膊墙"视觉效果较差。

4.5.2 记忆再现：红色乡村乌托邦

1. 主题构思

"太阳公社"是一处黑猪听锣撒欢、稻田五颜六色的生态农场、网红农庄。这里山谷众多，猪和鸡都得到野外的放养空间。这里稻田连绵，瓜果飘香，生产忙碌又有诗意；这里山泉叮咚，水库的水质清澈，空气湿润，令人心旷神怡。农民们勤四体，辨五谷，亲近自然，基本生活得到保障；并且以传统的方式耕种自己热爱的土地，生产出优质的农产品。

在经济高速发展的今天，社会生活和科学技术急剧变革，许多人开始怀念20世纪60、70年代的简朴生活方式。怀念红色年代的人、事、物，以怀旧为主题的影视作品、餐厅开始成为新风尚。针对这一需求，团队意图营造一条"特色化精品线路"（图4-5-2），重点打造五凤朝阳、迎宾路头、盛家印象、公社虫趣等节点，形成非同质化的乡村建设模式，以产业创新、乡村创意为设计理念；以设计守护乡村本味，从乡村特色中提炼设计语言，体现时代印记，使人们获得精神上的认同。

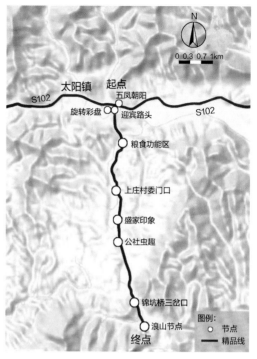

图4-5-2 太阳公社精品线路节点分布图

2. 设计策略

乡村环境系统主要包括自然风貌、农业景观等，是一种以大地环境为基础，集生产和生活于一体的复合景观载体，具有生态、观赏、经济三大功能。以产业联动为主要目标的精品线路建设，需把握产业兴旺这一乡村发展的第一要义。设计需激活其内在动力，将绿色环境转化为生产力，将不同产业间的连接作用发挥至最大，助力乡村发展。太阳公社精品线以太阳镇农业生产景观和自然景观为特色，以美丽乡村建设为基础，通过创新整合、绿道建设，提升改善沿线景观风貌，培育和发展沿线优势产业。以"水杉绿廊"为依托，"一路乡情"为特色，融入农业文化、公社文化、民族文化等当地特色文化。通过农业生活、生产场景等场景化的节点作为形象展示，体现该精品线路特色。"水杉绿廊"是当地标志性特色景观之一，一年四季的水杉呈现不同状态。沿着水杉一路春去秋来，体会的是最美妙的乡间协奏曲（图4-5-3）。可以说美丽乡村精品线是汇集乡村风采的人文风情走廊，它打通了乡村生态旅游的任督二脉，提供了乡村发展的线性空间载体，使乡村获得不断生长壮大的动力。

3. 空间布局

"太阳公社"美丽乡村精品线路以连接各村落的交通干道为主要轴线，以老

图4-5-3 水杉林的四季

红砖为特色元素全线贯穿，采用"实用+创意+怀旧"的方式打造"公社"风情，将有机农业与休闲农业相结合，从生产性农业向观光休闲农业拓展，实现了一产向三产的跨越，景观路与产业路的融合。让有回忆的人尽情追忆，让懵懂无知的孩童有了解长辈过去生活和故事的途径。在体现太阳公社的怀旧感与生态感方面，从公社生产工具、怀旧标语、老物件等有故事的物品开始阐述，以求达到情感的认同、心灵的共鸣。最后通过节点和绿道建设，打造以农业生产、田野童趣、乡村怀旧、公社记忆为特色的美丽乡村精品线路，重点打造五凤朝阳、迎宾路头、盛家印象、公社虫趣等节点，使其成为通往景区的一条极具引导性和渲染力的乡村旅游特色线路。

4.5.3 "水杉绿廊串乡音，一路虫鸣去稻乡"

⌖	节点一 **五凤朝阳**

【构思要点】因地处高速路出口（图4-5-4），节点设计必须具有标志性。设计通过主景墙、人行道、店招店牌、杆线及植物等全面提升环境质量，创造通透与半通透兼具的空间，以"凤凰"主题景墙为元素，结合五金产业特征设计具有当地特色的乡土景观。为太阳镇打造了一处独具地方特色的入口空间。

【设计过程】从高速下来，初入小镇，扑面而来的是富有视觉冲击力、色彩跳跃的工业风场景——扳手、钳子演化的造型小品摆放在前端，同围墙上的剪影相呼应。左侧围墙右上角叠加的红砖，是设计的主导元素，在随后项目中将

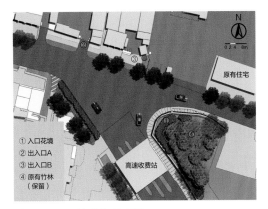

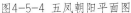

① 入口花境
② 出入口A
③ 出入口B
④ 原有竹林
　（保留）

图4-5-4 五凤朝阳平面图

图4-5-5 五凤朝阳效果图

一一介绍。右侧围墙是以小镇风景区"太阳公社"的LOGO（即右下角瓢虫造型）为创意元素，文字和LOGO叠加在通透的空间，三者相互交融，使画面不显沉闷（图4-5-5）。

"凤求凰，朗朗乾坤向朝阳"，凤凰墙绘造型更加彰显太阳元素，带给游客强烈的视觉冲击力。在原方案中，除了对围墙进行优化外，还计划对周围建筑进行简单的立面整治，避免与周边环境不相协调。遗憾的是由于种种原因，这一想法未能实现，甚至更为惋惜的是，"五凤朝阳"节点设计方案，在后期施工过程中被舍弃，而未能实现。但其极具代表性的综合展示手法，和处于交通要道的引导性手段，仍得到了业主的一致好评。

节点二
盛家印象

【构思要点】以农家一角的景墙形式为载体，结合农业生产元素来建设。通过稻草垛、农用车、农业生产用具等，集中体现农业生产特色。同时，结合场地特征，营造村口特色标志性景观。

【设计过程】盛家印象位于桥头入村口（图4-5-6），此处除了要展示形象、特色外，对交通安全视距的考虑也必须慎重。因为周边以大范围农田为主，设计师计划将农田生产场景在此处作微型展示。通过图4-5-7可以看到景墙极具农业风格，以红砖元素为底，拖拉机破墙而出，时代感强烈。但是由于空间围合感过强，不够通透，所以未曾使用。二稿造型美观，但没有足够体现红砖元素和农田生产文化，缺乏鲜明的特色。

最后的施工方案，是将"方案一"进行优化，调整景墙层次和高度。并安置极具生产特征的农具，有板车、拖拉机、碾子等（图4-5-8）。值得一提的是，这些农具的来源还有些小故事。当地政府对设计团队的设计理念十分赞同，并且全力配合工作。现状摆放的拖拉机，就是他们想方设法从外地收购来的（图4-5-9）。

图4-5-6 盛家印象效果图（一）

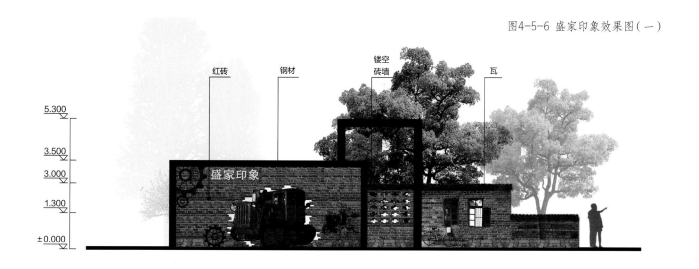

图4-5-7 盛家印象效果图（二）

图4-5-8 盛家印象建成实景图（一）

图4-5-9 盛家印象建成实景图（二）

　　在节点建造时，设计人员现场指导，邻里乡亲兴致勃勃地参与其中，调整位置、垒砖砌墙，不亦乐乎。另外，还有村民积极从自家院子拉来废弃的农具，听从设计人员指挥摆放在相应位置。右边墙上的轮胎，是两户人家用小推车推来的。村民们热火朝天的干劲，也感动了设计师。大家的记忆里都有小时候割麦子、扛锄头的场景，眼前这一幕，触动了人们心底深处的柔软，多少儿时记忆涌上心头。这才是设计本该有的样子，不是为了展示花俏的效果，而是为了唤醒人们内心深处的情感、记忆，产生共鸣，"场所记忆"的内涵也正在于此吧！

节点三
公社虫趣

【构思要点】将"太阳公社"的 LOGO 融入场地设计中，以瓢虫图案的形式表达，结合农作物斑块种植（图 4-5-10），使节点兼具农业科普、儿童游乐、产品形象和引导指示的功能。

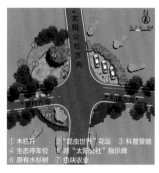

① 木栏杆　② "昆虫世界"花坛　③ 科普景墙
④ 生态停车位　⑤ 原"太阳公社"指示牌
⑥ 原有水杉树　⑦ 色块农业

图4-5-10 公社虫趣平面图

【设计过程】此处向西便是"太阳公社"景区了。前往景区游玩的人群，大部分为亲子团，儿童是主要群体；因而设计师在交通转折点设计了具有童趣的造型来吸引儿童目光。儿童的心理其实很简单，当一件新鲜、特别的事物出现在眼前，就会欣喜异常，去探索、琢磨。设计师利用这一心理进行设计。俯瞰造型尤若瓢虫一般，怡然悠闲；在景观小品的建造上，也与瓢虫造型相呼应。而多功能的场地定位和五彩斑斓的"色块农业"更是打破了传统农业的局限性（图4-5-11），给人耳目一新的感觉，可以充分吸引孩子们的眼球。当他们问及身边长辈"这是什么"的时候，设计便达到了教育的目的。

图4-5-11 公社虫趣效果图

【构思要点】为了继续将红砖元素应用于节点设计中，同时把工业化风格发挥得淋漓尽致，此节点运用红砖、耐候钢板、工字钢等材料。耐候钢板即耐大气腐蚀钢，是介于普通钢和不锈钢之间的低合金钢系列，在普通钢中添加少量铜、镍等耐腐蚀元素制成，具有优质钢的强韧、塑性、延性、耐高温、耐锈蚀、抗疲劳等特性，使构件使用寿命延长、减薄降耗、省工节能。

【设计过程】太阳公社精品线路沿途走来，一路似穿越回20世纪60、70年代，人们体验着从传统到现代的时空转换。这里地处高速路边，道路被阻隔，人们沿导航抵达此地，恍若走到了"断头路"，方向感尽失。因而以加强节点的引导性为设计构思的重点，同时也希望将项目关键词（图4-5-12）结合农业生产工具，将其作为引导标识融入景墙中。当业主提出"箭头指示一定要清晰明了，景墙方

图4-5-12　迎宾路头效果图

案必需贴近环境"的要求。设计人员倍感压力。有大量元素需要融合，还需考虑元素之间的联系及其构图和主从关系，造型笨拙的箭头如何能生动起来？方案在历经多次推敲后，最终呈现出理想的效果（图4-5-13、图4-5-14）。

图4-5-13 迎宾路头过程推敲图

图4-5-14 迎宾路头建成实景图

节点五

太阳转盘

【构思要点】对原有的杂乱农田进行梳理，以向日葵图案为主要造型，形成以色块农田为特色的生产性景观。

【设计过程】太阳转盘地段以种植色块农业和景观绿化为主，采用季节轮作结合常绿景观绿化的形式来保证转盘的景观效果。植物采用油菜、向日葵等主要经济农作物配以一些花卉点缀，让人们有眼前一亮的感受。向日葵的图形寓意太阳，而太阳是农作物生长的必要条件，同时与太阳镇的名字相契合。彩色作物＋常绿植物的组合方式还是相对简单易行的（图 4–5–15、图 4–5–16）。

春季：油菜花、红叶石楠、兰花三七、籽播草花。夏季：向日葵、蜀葵、兰花三七、籽播草花。秋季：大花金鸡菊、红叶石楠、兰花三七、籽播草花。

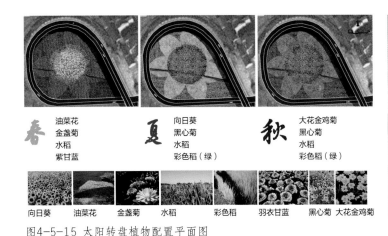

图4–5–15 太阳转盘植物配置平面图

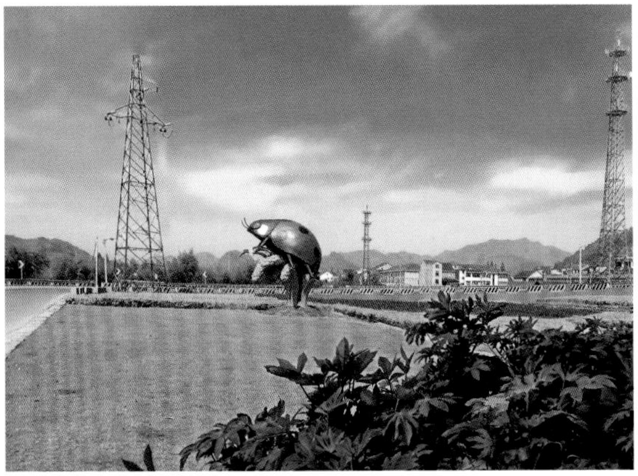

图4–5–16 太阳转盘建成实景图

4.5.4 越乡土、越国际

💡　　关键词提取：

【寻找公社记忆、体验一路乡情】太阳公社精品线路沿线水杉绿廊郁郁葱葱，庙会文化、五金工具和特色农业蓬勃发展。项目以"归乡""耕乡"等景观节点和4个传统产业作坊为支点进行建设，乡村风情扑面而来，体现了太阳公社回归自然、乡村怀旧的品牌理念和"寻找公社记忆、体验一路乡情"的生活主题，达到提升沿线景观风貌，展示太阳镇产业特色、内涵的目标。

【红砖新活力】如何用最低的价格打造最理想的景观效果，设计者为此绞尽脑汁。红砖作为传统建筑材料之一，伴随着技术进步和社会发展，逐步丧失了在建筑材料领域的主导地位。但是红砖在人们心中的地位并未改变，为了让红砖焕发出新的活力，让乡土与创意结合，最终采用红砖这一符合村庄时代特色的材料元素贯穿太阳公社精品线路沿线。

传统村落的街巷空间是传承历史文化的重要载体，沿街院落采用以低矮的红砖墙半围合的形式，绿墙上放置盆栽，院内的枝叶花果越墙而出、展露笑颜，似有关不住的满园春色。各个节点的打造也始终围绕红砖这一主导元素，突出乡村怀旧的主题。如迎宾路头的红砖景墙，舍弃了传统的砌筑方法，打造隐约透出田野风光的景墙；加上富有年代感的钢板，使得整个景墙虚实相生、变化丰富。盛家印象以一辆满载而归的拖拉机破墙而出，将生产工具作为景观元素灵活运用，营造了一种丰收的动态图景。

【色块农业、功能拓展】村庄外围通过农林产业用地的有效规划，构建村庄的美丽外衣。如太阳转盘，通过对植物的整理，形成色块农业，经济价值和生产价值兼具。设计凝结了当地居民、设计者、政府人员的集体智慧，整合场地现有资源，充分考虑场地条件，达到通过环境整治，有效带动农业功能拓展、农业产业结构调整和农民增收致富的效果，实现了"以美观促发展，以发展带整治"的良性循环。

✎ 设计师问答：

问1：您是怎么想到以红砖为主导元素进行设计的？

答1：红砖外露的自信。红砖是建筑史上一个阶段性的产物，但是由于烧制红砖时所消耗的能源比空心砖要多，对环境的污染也更为严重，现国家已明文规定逐步用灰砂砖取代红砖。如今粗制的红砖墙只能作为毛坯，从不外露。一些老房子直接裸露外墙，却做得别有风情，究其原因：一是砖颜色均匀，尺寸规整，制作工艺超普通面砖的标准，为艺术创作打下基础；二是当时建筑的设计、施工、材料均更耗时用心，如今浮躁的世风自然不可与之相提并论。"太阳公社"精品线路对于红砖的应用，不仅将建筑拆迁过程中剩余的红砖巧妙地在原场地内进行消化，而且也是对过去工匠精神的召唤，像是这个浮躁社会里的一方净土。慢慢地做好一件事情，展示给匆忙的世人看。

问2：您最喜欢哪个节点？是乡韵淳厚的盛家印象吗？

答2：盛家印象是不错，带给我很多儿时的回忆。我老家就在临安乡村，那些播种的楼、运东西的板车……村民们带到场地来，现场摆放时真有"穿越"的感觉。但我最喜欢，印象最深刻的还是迎宾路头。因经历多次方案推敲，特别是指示性"箭头"，设计稿推敲修改了不下5遍。当然，这也是设计师的常态，作品就像自己的孩子一样，不断成长，我喜欢这个不断推敲的过程。

［1］ 徐斌，洪泉，唐慧超，李琳，林麒琦. 空间重构视角下的杭州市绕城村乡村振兴实践［J］. 中国园林，2018，34（5）：11–18.

［2］ 金杭绮，徐斌，蔡碧凡. 基于田园综合体视角的天目山村落景区规划探讨［J］. 浙江农业科学，2019，60（1）：4–8.

［3］ 贺雪峰. 城市化的中国道路［M］. 北京：东方出版社，2014.

［4］ 刘强. 农地制度论［M］. 北京：中国农业出版社，2016.

［5］ 李昌平. 创建内置金融村社及联合社新体系［J］. 经济导刊，2015，24（8）：46–47.

［6］ 习近平在云南考察工作时强调：坚决打好扶贫开发攻坚战，加快民族地区经济社会发展［N］. 人民日报，2015–01–22.

［7］ 周遐光. 旅游文化融合，打造"婺源模式"［N］. 学习时报，2015–01–05.

［8］ "中国美丽乡村"浙江安吉文化品牌扫描：镌刻在青山秀水间的记忆［N］. 中国文化报，2014–03–13.

［9］ 美丽乡村，打造美丽浙江的生动实践［N］. 浙江日报，2014–08–08.

［10］ 韩喜平，王一. 中国城镇化融入乡愁情愫之论析［J］. 学术交流，2014，30（9）：207–210.

［11］ 程善兰. 文旅融合视角下苏州历史文化旅游街区的保护与路径探讨［J］. 商业经济研究，2017，36（12）：135–137.

［12］ 金磊. "乡愁"理念与城镇化建设的思路［J］. 建筑设计管理，2014，31（3）：64–65.

［13］ 强卫. 深化农村改革，推进农业现代化［N］. 人民日报，2014–07–15（007）.

［14］ 姬会然，杨青. 以社会主义核心价值观塑造新型农民路径探析［J］. 理论观察，2015，14（5）：87–89.

［15］ 郑向群，陈明. 我国美丽乡村建设的理论框架与模式设计［J］. 农业资源与环境学报，2015，32（2）：106–115.

［16］ 夏晶晶，徐斌. 基于UAR策略的渌渚精品线规划设计［J］. 福建林业科技，2019，46（1）：117–123，133.

［17］ 沈实现. 相地合宜·借景随机——基于场地特征的乡村景观设计探索［J］. 风景园林，2018，25（5）：43–47.

［18］王静，程丽敏，徐斌. 临安美丽乡村精品线建设［J］. 中国园林，2017，33（3）：87–91.

［19］徐斌，周晓宇，刘雷. 大城市近郊乡村更新策略——以杭州西湖区绕城村为例［J］. 中国园林，2018，34（12）：63–67.

［20］王雪微，徐斌. 富阳市蒋家村乡村历史文化特色的激活［J］. 农业科技与信息（现代园林），2015，12（2）：108–112.

［21］范萍瑜，徐斌. 基于HHR策略的美丽乡村规划设计［J］. 西南林业大学学报（社会科学），2017，1（6）：24–27.

［22］华莹珺，徐斌. 小城镇环境综合整治背景下的昌化镇公园改造设计［J］. 北方园艺，2019，43（5）：101–106.

［23］熊璨，陈维彬，徐斌. 地域文化在乡村景观设计中的表达——以富阳墅溪村为例［J］. 建筑与文化，2017，14（11）：125–126.

［24］徐文辉，唐立舟. 美丽乡村规划建设"四宜"策略研究［J］. 中国园林，2016，32（9）：20–23.

［25］中共中央国务院关于实施乡村振兴战略的意见［N］. 人民日报，2018–02–05（001）.

［26］李元珍. 领导联系点的组织运作机制——基于运动式治理与科层制的协同视角［J］. 甘肃行政学院学报，2016，25（6）：59–68，126.

［27］李永萍. 基层小微治理的运行基础与实践机制——以湖北省秭归县"幸福村落建设"为例［J］. 南京农业大学学报，2016，61（5）：46–54，155.

［28］乔海燕. 美丽乡村建设背景下浙江省乡村旅游转型升级研究［J］. 中南林业科技大学学报（社会科学版），2014，8（1）：27–30.

［29］文尚卿. 破解"三农"难题的强大思想武器——学习习近平关于"三农"系列重要讲话［J］. 中国井冈山干部学院学报，2015，11（4）：112–119.

［30］Denstadli J M, Jacobsen J K S. The Long and Winding Roads: Perceived Quality of Scenic Tourism Routes［J］. Tourism Management, 2011, 32（4）：780–789.

［31］Jacobsen J K S. Segmenting the Use of Scenic High-way［J］. Tourism Review, 1996, 51（3）：32–38.